ウェルナー・フォン・ブラウン 1912〜77年。ドイツ陸軍兵器局でA-4(V-2)開発に従事。1945年アメリカ軍に投降、後年、帰化。人類史上最大のロケットであるサターンVの開発をリードし、人類初の月面着陸を成功させた

セルゲーイ・パーヴロヴィッチ・コロリョフ 1907〜66年。1940年代から60年代にかけ、ソ連の宇宙開発の総指揮をとり、初の人工衛星打上げ、および有人宇宙飛行を成功させた。ソ連当局が彼の暗殺を恐れたため、存命中その存在は公にされなかった

中公新書 1566

的川泰宣著

月をめざした二人の科学者

アポロとスプートニクの軌跡

中央公論新社刊

プロローグ

夢を実現するためには、その前にその夢を抱かなければならない。

抱いた夢を実現するためには、その夢を、生きる目的にまで高めなければならない。

コロリョフとフォン・ブラウン——人類を宇宙へと駆り立てた二人の巨人が抱いた夢は、二〇世紀という絶好の時代を舞台として、見事に執念の花を咲かせた。歴史に「もしも」はあり得ないが、シベリアとドイツで別々に培われた人生の目的への固い決意がなければ、二人はかくも強力なライヴァル同士にならなかったことだけは確かである。

悪魔の選択

一九三一年の暮れのこと。このとき一九歳のフォン・ブラウンは、ベルリン工科大学の学生であり、既に一九二〇年代ドイツに燃え上がったロケット・ブームのさなかに結成されたVfR（ドイツ宇宙旅行協会）の熱心なメンバーだった。彼は余暇のすべての時間をロケットづくりと打上げに注ぎこんでいたが、同世代のあらゆる学生と同じように、自分の生活費を自分で稼がなくてはならず、タクシー運転手のアルバイトをしていた。

ある冬の日、彼のタクシーに明らかに軍人と思しき二人連れが乗ってきた。そして、乗り込むやいなや二人は、軍が援助して遂行しているいくつかのロケット実験について議論を開始したのである。テーマは定かでないが、二人の議論が暗礁に乗り上げた時、運転席のフォン・ブラウンは黙っていられなくなった。「失礼ですが、その問題について、私は少しはわかります……」

えらく説得力のある説明にすっかり感心した軍人の一人が、タクシーを降りる時に、青年ドライバーに言った。――「きみ、明日にでも陸軍の最高司令部に来てくれないか。今の話の続きを聞きたいから」

翌日フォン・ブラウンが陸軍を訪ねたことは言うまでもない。彼がタクシーで運んだ相手は、ヴァルター・ドルンベルガーとリッター・フォン・ホルスティヒ、ドイツ陸軍のロケット開発の中心人物だった。

この後、陸軍の要人がVfRのロケット実験場に足繁く顔を見せることになった。そして一九三二年七月のある日、陸軍はVfRに対し、「そんな玩具のようなロケットばかり作っていてもしようがないのではないか。陸軍の指定する区域内で実験をやってくれるなら、もっと大型のロケットを開発する費用を出そうじゃないか」という申し出を行った。

VfRのほとんどのメンバーは軍の申し出に消極的であった。一人フォン・ブラウンだけは、民間の乏しい寄付金だけでロケットを開発していたら、一〇〇年かかっても宇宙旅行にはたどりつかないという現実的な見通しを持っていた。圧倒的な反対をよそに、一九三二年一一月、彼は一人、陸軍兵器局に入って大型ロケット開発を始めた。豊富な資金を使って次々とロケットを製作し、一九三七年以降は、バルト海沿岸に建設された秘密基地ペーネミュンデにおいて、弱冠二五歳で技術責任者になった。興味あることに、VfRの同志たちは、ほとんどがこぞってペーネミュンデに馳せ参じたのである。そしてここペーネミュンデで、彼らは近代ロケットの元祖とも言うべきA-4(V-2)の開発に青春を捧げた。

一九四三年の暮れまで、ナチスのリーダーたちは少数を除いてペーネミュンデで何が起こっているかをあまり知らなかった。しかしA-4が素晴らしい新兵器であることがはっきりしてからは、SS(ナチス親衛隊)がペーネミュンデの支配を狙い始めた。特にSSの将軍ハンス・カムラーは、ペーネミュンデの管制権を陸軍から取り上げるため執拗な策謀をめぐらしたが、これをフォン・ブラウンの上司であるドルンベルガーが巧みに食い止めた。

一九四四年二月、フォン・ブラウンのもとに、東プロイセンのゲシュタポ(国家秘密警察)本部から呼び出しがあった。この「陸軍から離れて自分のもとで働かないか」というハンス・カムラーの誘いをはねつけたフォン・ブラウンは、その数日後、三人のゲシュタポ職員によって逮捕される。二週間後に告発された罪状は「フォン・ブラウンは、軍のめざす開発をさぼって、宇宙探査のことばかり考えている」というものだった。

フォン・ブラウンはペーネミュンデにおいて、しばしば同僚に「ぼくがロケットの研究を続けてきた本当の目的は、人間を月へ運ぶという少年の頃からの夢を実現するためであって、戦争のためのミサイルを開発するためではない」と語っていた。これが戦争に反対する発言と受け取られ、A-4をわが物にしたいと狙うカムラーにあげ足を取られたのである。「フォン・ブラウンがいなくては、A-4の開発は前進しない」という上司のドルンベルガーの必死のとりなしがあり、ヒトラーの側近であるシュペーアのすばやい動きで、フォン・ブラウンは生涯最大のピンチを乗り切り、釈放された。

この逸話が、若い頃の私に大きな疑問を投げかけたことを憶えている。「それではなぜフォン・ブラウンはV-2号のような殺戮《さつりく》兵器の開発に携わったのだろう?」

一九七一年にフォン・ブラウンが日本を訪れたことがある。この時、講演の後に彼自身に私の疑問をぶつけてみた。彼の躊躇ない答えがいまだに耳の底にこびりついている。

「私は、人類は宇宙へ進出すべきであると、小さい頃から考えていました。そしてそれは私自身の夢でもありました。私はその夢を私自身の力で実現したいと思い続けました。第二次世界大戦の足音が近づいて、私が属していたドイツ宇宙旅行協会の活動が鈍り始め、私は、宇宙へ飛び出すという夢に近づくために、どうしたらいいのか途方に暮れてしまいました。そんな時、将来人類が宇宙へ飛び出るのに大きな役割を果たすに違いないような大型ロケットのために、ナチスがお金を惜しみなく使うことを宣言したのです。私の宇宙への夢は、人道的な立場からロケットの研究を中止するには、あまりにも強かった。その頃の私は、宇宙旅行の実現に向かって大きく前進できるならば、悪魔に心を渡してもよいとさえ思っていたのです」

スターリンの粛清の嵐のなかで

一九三八年六月二七日の早朝、モスクワのアメリカ大使館のそばにあるコニュシコーフスカヤ通り二八番地のコロリョフのアパートを四人の男が訪れた。二人はNKBD（内務人民委員部）から派遣され、残りの二人は証人としてついてきたものだった。

数分のうちに、コロリョフは連れ去られた。妻のキセーニヤは、彼に下着の替えを渡すことが許されず、コロリョフは寝入っていた三歳の娘ナターシャに「さよなら」をいうことさえも許されなかった。

この時のコロリョフは三一歳。連行後ほどなく、彼は自分が「ドイツの反ソヴィエト団体と共謀している」という疑いによって逮捕されたことを知った。ソ連にスターリンの粛清の嵐が荒れ狂い、その宇宙開発にも暗い冬の時代が訪れたのである。

コロリョフが送られたシベリア・コリマ地域のグーラグ（強制収容所）の状態はひどいものだった。金山のあるコリマで彼は、木を切り、土を掘り、手押し車を押しながら、寒い冬を過ごした。ひどい食事、住居、衣服、残忍な規則、そして重労働。収容人数の一割以上の人びとが、毎年栄養失調、結核または処刑により死んでいった。ここで生活しているうちにコロリョフの歯はこぼれ落ち、このことが後に彼の健康を一生蝕《むしば》むものとなった。彼はまた心臓も弱くなり、ここで顎の怪我をした。この顎の怪我も彼の死を早めた。

ひときわ厳しい寒さのこの収容所で、身も心もボロボロになりながら、コロリョフはじっくりとソ連の宇宙開発の行く末に思いを馳せた。ロケットの開発現場から遠く離れたシベリアの地で、仕事に飢えたコロリョフの頑丈な精神は、「誰よりも速く、誰よりも遠くへ飛ぶ」志をその分厚い胸にたたき込んだ。

ロシアの偉大な先達であるツィオルコフスキーの想像の翼は、この閉鎖的な環境でコロリョフを壮大な宇宙計画の夢へと駆り立てる源泉となった。この凍てつくシベリアでの歯軋《はぎし》りしながらの夢の蓄積こそが、二〇世紀なかばのソ連をして、地球上のいかなる国よりも「速く、遠くへ飛ぶ」技術を準備させたと言っても過言ではない。祖国から受けたひどい仕打ちの真っ只中で、コロリョフは祖国に自分の一生を捧げる、光り輝くプログラムの権化となったのである。

コロリョフが長い長い四人生活から解放されたのは、一九四五年の春である。ヒトラーが自殺し、フォン・ブラウンたちがアメリカに降伏すべく、一九四五年五月にペーネミュンデから南へ脱出した後、このV－2の故郷はソ連に接収された。そしてコロリョフはすぐに、ペーネミュンデの調査を命じられた。

その後コロリョフと緊密な付き合いをすることになるドイツ人、クルト・マグヌスは、彼らの最初の出会いを述べているが、そこでの会話は、その時代に既にコロリョフが宇宙飛行に深い興味を示していることを明らかにしている。コロリョフは、「もし、射程距離をだんだんと大きくすれば、最終的には、地球の軌道を回り続ける人工衛星を作ることができる」と語り、マグヌスが驚いていると、つづけて次のように熱っぽく語ったそうである。

――「もしさらに速度を四〇％くらい増やせれば、月に行ける。これをやり遂げるまで一緒に仕事をしようじゃないか」

クルト・マグヌスは、これと同じような光景をかつて目撃したことに気づいていた。その時のコロリョフの表情には、つい先頃までマグヌスの上司だったフォン・ブラウンと同じ種類の、宇宙旅行に憧れる情熱がほとばしっていたのである。

遥かなるペーネミュンデ

ペーネミュンデは東ドイツに属していたので、私たち日本人にとって、第二次世界大戦の後には訪れることが難しい地であった。ところが一九九〇年一〇月、ドイツ統一の直後に、旧東ドイツのドレスデンでＩＡＦ（国際宇宙航行連盟）の総会が開催された。私は絶好のチャンスとばかりに、学会の休日にペーネミュンデをめざした。

ドレスデンから北へ列車で六時間、終点グライフスヴァルトに着いた。既に夕暮れ。駅で尋ねると、もうペーネミュンデに行くバスはないと言う。しかたない、ここで泊まろう。意を決してホテルを探した。まあまあという宿を探し当ててフロントに近寄った。

多分七〇歳くらいと思われる見事な白髪の紳士が、丁重に「パスポートをどうぞ」と言うので、バッグから出して渡すと、ジロジロ眺めていたが、やおら「日本人ですか」と言う。「そう、ご覧のとおり」と答えたら、「いやあ、ドイツと日本は昔から仲良しだったんだけれど、私はこの歳になるまで日本人を見たことがなかったんですよ」とのこと。これにはこっちが呆気にとられた。

これは、エライところに来てしまったな、というのが実感だった。

さて翌日、朝早く起きて、バスを二台乗り継ぎ、カールスハーゲンというペーネミュンデの隣町まで行って、ＩＡＦで知り合ったヨアヒム・サートフというカールスハーゲン生まれの青年と落ち合い、秘密基地を案内してもらった。このカールスハーゲンに、フォン・ブラウンも、また少し遅れてコロリョフも住んでいたのである。

フォン・ブラウンの宿舎跡、病院の跡……。当時のレイアウトを手にしながら、いろいろなところを見てまわった。当時の建物で残っているのは、機械工場とエネルギーセンターだけだった。機械工場の二階に歴史上名高いV－1（パルスジェットエンジンを搭載した無人有翼機）のエンジンとV－2のノズルとが、無造作に並べて置いてあるのにはびっくりした。

サートフ君がペーネミュンデの責任者のところに連れて行ってくれた。

――「ペーネミュンデに入った日本人は、あなたが初めてだと思いますよ」

再び私は驚いてしまった。ペーネミュンデの語源であるペーネ河の河口に立った時の感激は、今でもまざまざと思い出す。バルト海の荒波がうねるこの場所に、かつてフォン・ブラウンは毎日やってきて、海の向こうを一人で眺めていたそうである。

「もしも」フォン・ブラウンが南をめざさなかったならば、この地で宿命のライヴァルは顔を合わせただろう。すると二〇世紀の宇宙開発の歴史はどのような展開を見せたのだろうか。この二人は生涯あいまみえることがなかった。

なぜコロリョフは、祖国に迫害されながら、祖国にこれほど尽くそうとしたのか。なぜフォン・ブラウンは、戦争を憎みながら、ファシストの力を借りようとしたのか。この二つの疑問を粉々にするほど、この二人の巨人は、宇宙への旅立ちに限りない憧れを抱いたに違いない。そしてそれを誰よりも先にやり遂げたいという野望があったのだろう。

サートフ君のその後の便りで、ペーネミュンデに宇宙博物館ができたことを知った。一九九九年の八月から九月にかけて、日本の宇宙開発の成果展示会をペーネミュンデで開催した。ドイツ人がペーネミュンデを「負の遺産」と考えているなかでの、一種の強行突破であったが、現地ではたいへんなニュースとなり、日本がフォン・ブラウンのチームの歴史的価値を再認識させてくれたと好評であった。

カールスハーゲンの海岸の朝、海からのぼる真っ赤な太陽に顔を染めた時、ふとフォン・ブラウンも、そしてコロリョフも、こうして同じ風景を見ていたのではないか、という思いが胸をよぎった。鮮やかな日の出を波に乗せて運んでくる荒波のしぶきの向こうに、二人の憧れと野望が、少し見えたような気がした。それが「錯覚」だったかどうか、答えてくれる人はもういない。

目次

月をめざした二人の科学者

第1章　生い立ち

幸福な家族はみな一様に幸福だが、不幸せな家族はみなさまざまに不幸である。――レフ・トルストイの『アンナ・カレーニナ』の書き出しである。人類を「宇宙時代」に導こうとした二人の男、コロリョフとフォン・ブラウンは、きわめて対照的な家庭に生まれた。約一世紀を経て概観すると、コロリョフの少年時代には薄幸が目立ち、フォン・ブラウンには幸せに満ちた男の子のイメージが浮き彫りにされてくる。しかし二人とも周囲の愛情と時代の空気を精一杯吸収しながら、空と宇宙への憧れを幼い頃からしっかりと育てていった。

やがて二人の生きた世界が、その夢を受けとめてくれた。彼らがまだ大学生と高校生だった一九二〇年代、ドイツとロシアを中心に大きなロケット・ブームが起きていた。もともとロケット大好き少年だったフォン・ブラウンはもちろん、グライダーや軽飛行機にのめり込んでいたコロリョフも、やがてこのブームのなかに身を投じていく。時代が、宇宙への無数の挑戦者を生み出しつつあった。

飛行への憧れ

セルゲーイ・パーヴロヴィッチ・コロリョフは、ウクライナのキエフの近くにある小さな町ジトミールで生まれた。それはロシアの旧暦の一九〇六年一〇月三〇日、新暦では一九〇七年一月一二日だった。

母親のマリヤ・ニコラーエヴナはコサックの古い家柄の出身で、キエフの高校の国語教師であったセルゲーイの父親パーヴェル・ヤコヴレヴィッチ・コロリョフと結婚した。パーヴェルの両親の死後、彼が自分の二人の若い妹を養子にしたため、家族は非常に生活が苦しくなり、一家全体がぎくしゃくするようになった。

セルゲーイが三歳になった時、マリヤは、夫からの脱出を試み、妹アンナの学ぶ婦人向けの教育コースに入学することに決めた。彼女はアンナと一緒に住むことにし、セルゲーイをキエフからその北東一六〇キロメートルにあるネージンの町にいる自分の両親のもとへ送った。パーヴェルの懇願と脅しにもマリヤの決心は変わらず、両親は離婚に至った。

この事実を、実はセルゲーイは知らなかった。彼は自分の父親が引越しの時に死んでしまったと長年思っていたのである。しかし後に、自分が二二歳になっていた一九二九年まで、父親が生きていたことを知らされた。父は死の直前に前妻宛てに手紙を書いており、自分の息子セルゲーイに会わせてくれと要請していたが、その手紙はセルゲーイの手元に届くことはなかった。セルゲーイは、「私がもしその手紙のことを知っていたら、四つん這いになってでも父親のところへ行っただろう」と妻に話したという。

セルゲーイの愛称はセリョージャである。美しい金髪を持ち、灰色の大きな目を持った幼いセリョージャは、おじいちゃんとおばあちゃんの暖かい心遣いに囲まれ、周囲の寵愛を受けながら育った。

2歳のコロリョフと母と祖母

セルゲーイが六歳の時のこと。飛行士のセルゲーイ・ウトーチキンが、近くの原っぱで飛行機の飛行をして見せた。それは一九一三年のことであり、ライト兄弟がノース・キャロライナ州のキティ・ホークで初飛行をしてから一〇年しか経っていない。しかも一九〇八年にフランスでヨーロッパ最初の公的飛行が行われて、わずか五年後であった。いかに迅速に飛行技術がロシアの片田舎まで届いたかがわかる。

祖父に肩車されたセルゲーイは、背が低く精悍な赤褐色の頭髪の男が双発の飛行機の方へ歩いて行き、搭乗するのを見た。プロペラによって舞い上がった黄色い埃の雲が、湖でボートに乗っている人やおしゃれをした人びとのパラソルの方に向かって掃くように動き、飛行機が大きな音を立て、黄色い埃は兵士たちの姿が見えなくなるほど舞い上がった。その後、飛行機は広場の上を急激に走り始め、どんどん速度を増していき、ついに飛んだ！　わずかに傾きながら、飛行機は高度を確保し、すぐに一五メートルほどの高さになった。ウトーチキンは二キロメートルの距離を飛行し、近くの広場に着陸した。群集は英雄に喝采を送るために駆け出し、セルゲーイと祖父と祖母は家に帰った。

初期の飛行機が世界中の若い男の子に与えた影響は大きかった。セルゲーイの場合、その衝撃は生涯を決定づける重大事件となった。彼は、心密《ひそ》かに飛行士になることを決心した。この日、二〇世紀の人類を宇宙へ駆り立てた男が、飛ぶことに取り憑《つ》かれたのである。

セルゲーイは、母親のお伽話を聞くのが好きだった。母の膝にお座りをして、この親子は、魔法のじゅうたんに一緒に乗り、せむしの小馬、灰色のオオカミ、その他多くの不思議なものを一緒に見た。それは心を奪う素晴らしいものだった。彼は母の胸に寄りかかり、目をいっぱいに見開いて、架空の世界へ旅するのだった。またセルゲーイは、幼い頃から祖父の新聞で読むことを学んだ。幼稚園の先生は、彼が素晴らしい記憶力を持っていて算数が非常に得意だったと語っている。

しかし父親がいなかった上に、母のマリヤ・ニコラーエヴナはキエフで自分の勉強を始めると、週末しか家に戻らなくなった。彼はもっとも必要だった時期に両親の愛をもらえなかった。彼はいつも小ぎれいな服装をし、いつも素晴らしい食事をし、そしていつも孤独でほとんどいつも悲しかった。同じ年頃の子どもは周りにはいなかったので、子どもたちのグループの遊びも喧嘩も知らなかった。ひとりで遊び、ひとりで考えることを学ばなければならなかった。失敗しても意志の強さで乗り切り、そして人前で泣くことがなかった。

ロケット・ボーイ

ドイツのポーゼン地方にヴィルジッツという町がある。男爵フォン・ブラウン家は、プロイセンの時代からこの町に続く古い家柄で、出自を一二八五年まで遡ることができる。一九一二年三月二三日、この家に一人の男の子が生まれ、ヴェルナーと名づけられた。

父のマグヌス・フォン・ブラウン男爵は、法学・経済学を専攻し、ヴェルナーが生まれた頃はヴィルジッツの行政官をしていた。第一次大戦中にベルリンの中央政府の役人を歴任し、大戦後は農業食糧大臣を務めたほどの人だったが、ヒトラーが政権を握った一九三三年に地所のシュレージエン地方に身を退いた。

母エミーもフォン・クヴィストループ家という貴族の家に生まれているが、その家柄はともかくとして、エミーを知る人は、いずれも彼女の人柄を絶賛している。暖かい気持ちに溢れ、接する人をすぐに心地よい感情に引き入れる魅力的な女性だったようである。第一次大戦前には広大な屋敷に住み、大勢の使用人を擁する生活だったが、そのうちの一人の女性が病に倒れると、みずから夜を徹して実の母親のように看病するような人であった。六カ国語を自由にしゃべる彼女は、どんな社交界にあってもアットホームな気分で過ごせる人だったが、他方で庭師や御者とも友達のように気楽なおしゃべりをした。草花や動物から星々まで、自然をこよなく愛したエミーは、かなりレヴェルの高いアマチュア鳥類学者にしてアマチュア天文家だったという。

ヴェルナーが二歳の時に勃発した第一次世界大戦にドイツが負け、ヴィルジッツがポーランド領になったためドイツに移ったフォン・ブラウン家は、グムビンゲンを経て一九二〇年にベルリンに居を構えた。大げさな引越しではなかっただろう。なにしろヴィルジッツから新たなドイツとの国境線まではわずか一〇キロメートルだったから。

ヴェルナーが一〇歳になった時、父と母は彼をベルリンのフランス系ギムナジウムに入学させた。幅広い教養を身につけさせようという父の狙いにはお構いなく、ヴェルナーは友達と一緒に、無数の小さな「プロジェクト」を遂行した。数々のロケットを作り、廃品投棄場から車の部品を集めてきては、不完全に組み立てて、それにロケットを付けて走らせたりしたのである。この頃のヴェルナーは、父にとっては「手のつけられない無軌道な子」であり、母にとっては「ちょっと悪戯《いたずら》好きだが素晴らしい才能に溢れた子」だった。

ベルリンのブランデンブルク門の下を、ウンター・デン・リンデン大通りに沿って東から西へくぐると、左斜めに交叉するティーアガルテンという通りがある。この通りで、ヴェルナーは兄と一緒にロケットの実験を試みた。廃品投棄場から持ってきた部品から組み立てたポンコツ車に、小さな火薬ロケットを付けて走らせたのである。勢いよく加速されたポンコツ車は、もちろん制御を失って通りから外れ、果物屋の店先に飛び込んだ。大量のリンゴが転がり出た。この時も店に詫びを入れ、黙って損害を弁償したヴェルナーの父だったが、「ロケット・カー」について瞳を輝かせて報告するヴェルナーにはさすがに堪忍袋の緒が切れて、この兄弟を倉に閉じこめた。兄はすぐに「ごめんなさい」と謝って出してもらったが、ヴェルナーはどうしても謝らない。母のとりなしで、「もう決してしてはいけないぞ！」という父の捨て台詞とともにどうにか倉を出してもらっ

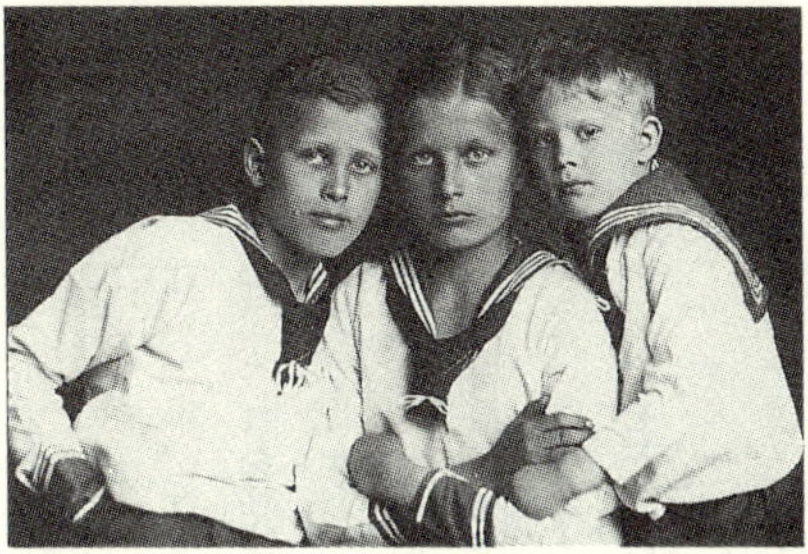

12歳のフォン・ブラウンと兄弟たち（左からヴェルナー、兄ジーギスムント、弟マグヌス）

たものの、ヴェルナーはすぐに駆け出した。母が後を追うと、駆けつけた先は再びポンコツ車のところだったという。

一三歳になった年、ヴェルナーはルター派の教会で堅信礼を行った。堅信礼はドイツでは特別の意味を持つ。それを受けた子どもは、親、親戚、友人などからでっかいプレゼントをもらうのである。この時、母エミーは、ヴェルナーの生涯を決める贈り物をした。彼女が「私の期待をはるかに上回る大ヒット」と語ったプレゼントは、天体望遠鏡である。

天体望遠鏡で見た月や火星が、ヴェルナーの心に爆発的な影響を及ぼした。既にロケットの世界をさまよっていた少年の胸に、いつか月や火星に飛ぶロケットを作ってみたいという途方もない夢を燃え上がらせたのは、一つの小さな望遠鏡だったのである。

この母は、ヴェルナーに天文学の世界を開いてくれただけでなく、ピアノを弾くことも教えた。ヴェルナーはベルリンでは、偉大な作曲家パウル・ヒンデミートのレッスンを受けた。後日譚になるが、彼は、中学校でチェロのレッスンを受け始め、学校のオーケストラに入部しており、一五歳の時にはいくつかの小品を作曲までしている。また後年、秘密基地ペーネミュンデにおいて、フォン・ブラウンのチェロが、同僚のヴァイオリン、ヴィオラとともに四重奏を編成して、折に触れてモーツァルト、ハイドン、シューベルトなどをロケット・チームに聞かせた話は有名である。

大好きなことばかりに夢中になるヴェルナーに、さすがにそのツケが回ってきた。学校の成績は語学だけが優秀で、他の科目は普通程度以下、とりわけ数学がよくなかった。何しろ好きなことにしか熱中できない性格なのだから、しかたがないのである。そして数学と物理学で落第点をとった一九二五年、ついに父マグヌス・フォン・ブラウンは、この「できのよくない息子」を、ヴァイマールの近くのエッテルスブルクにある全寮制のヘルマン・リーツ校に転校させ、一九二八年までをここで過ごさせた。ヴェルナーは、望遠鏡を持っていくことは許されたが、ぼろ自動車とロケットは持っていくことを許可されなかった。ヴェルナー一三歳の秋であった。

航空機設計者としての出発

セルゲーイ・コロリョフが七歳の時、一九一四年七月二八日、第一次世界大戦が始まった。祖父と祖母に大事にされながら毎日を過ごして幸せだった日々、ウトーチキンの飛行に対する興奮さめやらぬ時期に、静かで緑豊かなネージンの町がすっかり様変わりした。セルゲーイのために時間を割いてくれる人は、急に誰もいなくなってしまった。みんなこのあたりを占拠したドイツ軍の世話に追われることになったのである。

セルゲーイの母マリヤ・ニコラーエヴナは、キエフで勉強を続けていたが、大戦中の一九一六年一一月、グリゴーリー・ミハイロヴィッチ・バラーニンという電気技術者と結婚した。セルゲーイは九歳だった。バラーニンは素晴らしい義父で、生活のマナーや勉強のやり方について、セルゲーイに並々ならぬ影響を与えた。

一九一七年にバラーニンはオデッサの南西鉄道に就職し、後に空港発電所の所長として重要な地位を約束され、海の見えるバルコニーのある二階建ての素晴らしい家に住んだ。が、オデッサはたいへん不穏な場所になりつつあった。

学校が何度も閉鎖されるという一九一八年のオデッサで、セルゲーイは一心に読書をした。幾何学の教科書、材料の応力についてのマニュアル、何冊かのチェーホフ、ドイツの詩人・小説家ヴィルヘルム・ハウフ……、セルゲーイの本への食欲は旺盛だった。

一九二一年におそるべき飢餓がオデッサを襲ったが、それを乗り越えると、やっとこの地にもソヴィエトの政策が貫徹し平和が訪れた。セルゲーイたちを取り巻く教育システムは再構築され、学校教育はすべて無料になり、私立のギムナジウムや商業学校は廃止され、男女の差別教育も撤廃された。学生に対し職業指導訓練が導入されるようになった。

セルゲーイの入学した学校もそういった類の職業学校で、そこでセルゲーイは、屋根葺とタイル張りの訓練を受けた。既に一五歳だったセルゲーイの航空に対する興味は、非常に膨らんでいたと思われ、彼はいつも「学校活動が、空港のグライダー・クラブで働いたり航空の理論を勉強することの邪魔になる」と言って憤慨していたという。明確に生きる方向を意識した言葉である。

一七歳の年に、彼は「すらりとしてたいへん可愛く、お下げ髪を腰の下まで垂らして大きな目をした」級友のキセーニヤ・ヴィンセンチーニに惹かれるようになった。キセーニヤは愛称をリャーリャといった。勉強を続けたかったリャーリャは、セルゲーイの求婚を断ってオデッサの化学薬科大学に入り、一方セルゲーイはキエフ工科大学の航空学部に入った。ここでセルゲーイは、クリミアにあるコクテベルというところで毎年行われる「全ソ連グライダー・ラリー」に参加するために、グライダーの建造に夢中になる。

この時期、セルゲーイは家から仕送りをほとんど受けず、新聞配達、大学の屋根の修理などをしながら学費と生活費を稼いだ。彼は孤独だった。その淋しさは時々届くリャーリャからの手紙で慰められたが、一九二五年の秋、大学のグライダー活動がうまく行かなくなり、さらに母が義父バラーニンと一緒にモスクワに引っ越した時、セルゲーイも、前からあたためていたモスクワ行きの決意を固めた。

一九二六年七月、セルゲーイ・コロリョフは、モスクワ高等技術大学への入学許可を受け、その秋、モスクワへ旅立った。この大学は、一八七二年にニコラーイ・ジューコフスキーが赴任してから航空学の強力な伝統ができていた。ジューコフスキーは、ライト兄弟がキティ・ホークで飛ぶ一年前、一九〇二年に世界最初の風洞をここに建設したし、後にコロリョフ自身にとっても大切な存在となるアンドレーイ・ツポレフは、コロリョフが到着した年の八年前、この大学を卒業した。

多くのソ連の軍用機や民間機を五〇年以上にわたって設計したツポレフは、セルゲーイの講師だった。大学のすぐ隣には「中央空気水力学研究所（通称ツァーギ）」があり、そこでは大学の教授の多くが実際の計画も指揮していた。したがって、学生は必然的にそれらのプロジェクトに参加せざるを得なかったので、入学した年から、ほとんどすべての学生は、何かを設計し建造していた。セルゲーイの在学時代の重大な関心事は、グライダーと軽飛行機であった。一九二九年一二月、航空機エンジニアとしての資格を得たセルゲーイは、飛行艇の設計グループに配属された。

ロケット・ブーム

一九世紀にSF（空想科学小説）の黄金時代があり、その仕上げともいうべきジュール・ヴェルヌの『地球から月へ』は一八六五年に出版されるとまたたく間にベストセラーになり、ヨーロッパ中の青少年たちに熱狂的な興奮を呼び起こした。その愛読者のなかから、ロシアのツィオルコフスキー、アメリカのゴダード、ドイツのオーベルトなどの「宇宙開発のパイオニア」たちが育ってきた。

ツィオルコフスキーはロケットの原理を解きあかし、ゴダードは世界最初の液体燃料ロケットを飛ばし、オーベルトはドイツのロケット・ブームに火をつけた。第一次大戦に敗れ疲弊したドイツの青年たちにとって、宇宙への夢を乗せて飛翔するロケットは、ある意味で欲求不満の絶好のはけ口となった。

一九二〇年代のドイツは、マックス・ファリアのスピードへの挑戦から始まった。ロケット自動車、ロケット列車、ロケットそりなどの派手な試みには、毎回大勢の見物客が押し寄せて喝采を浴びせたが、ファリアは一九三〇年、ディーゼル燃料（重油）を用いた新しいロケット・エンジンを試運転中、爆発事故によってあっけない最期をとげた。

コロリョフがモスクワへ出た一九二六年に、フォン・ブラウンはまだエッテルスブルクのヘルマン・リーツ校にいたが、この中学校で出会った『惑星空間へのロケット』（ヘルマン・オーベルト、一九二三年発刊）という一冊の本が、ヴェルナーの人生を決定づけることになった。数学の苦手なヴェルナーには、この本のなかに頻出する方程式の意味を完全に理解することができない。そこで数学の教師に助力を求める。教師は、それらの方程式の解説をせず、ただヴェルナーにこう言ったという。――「君がもしロケットや宇宙のことを本当に知りたいのなら、独力でこれらの数式が解けるよう勉強したまえ」

ヴェルナー・フォン・ブラウンは、自分の未来が、数学の力をつけるにかかっていることに気づいた。必死の努力によって、彼はめきめきと数学の力を伸ばし、一年後には教師の代理で授業をやるほどになった。これは有名なエピソードだが、ここで注目すべきは潜在していた数学の才能ではないだろう。自分の望みを自分の努力によってかなえようという強い意志、めげない性格こそが、ヴェルナーの生涯の支えであった。

ヴェルナーは、エッテルスブルクのヘルマン・リーツ校在学中の一九二七年、一六歳の時に、天文学への熱い思いを綴った作文を書いている。その作文を読むと、火星が、彼の人生のきわめて早い時期に強く心を捉えていることがわかる。そしてその憧れは終生変わることがなかった。

一九二七年六月、オーベルトの著作を軸にしてロケットと宇宙に熱狂したドイツの人びとは、

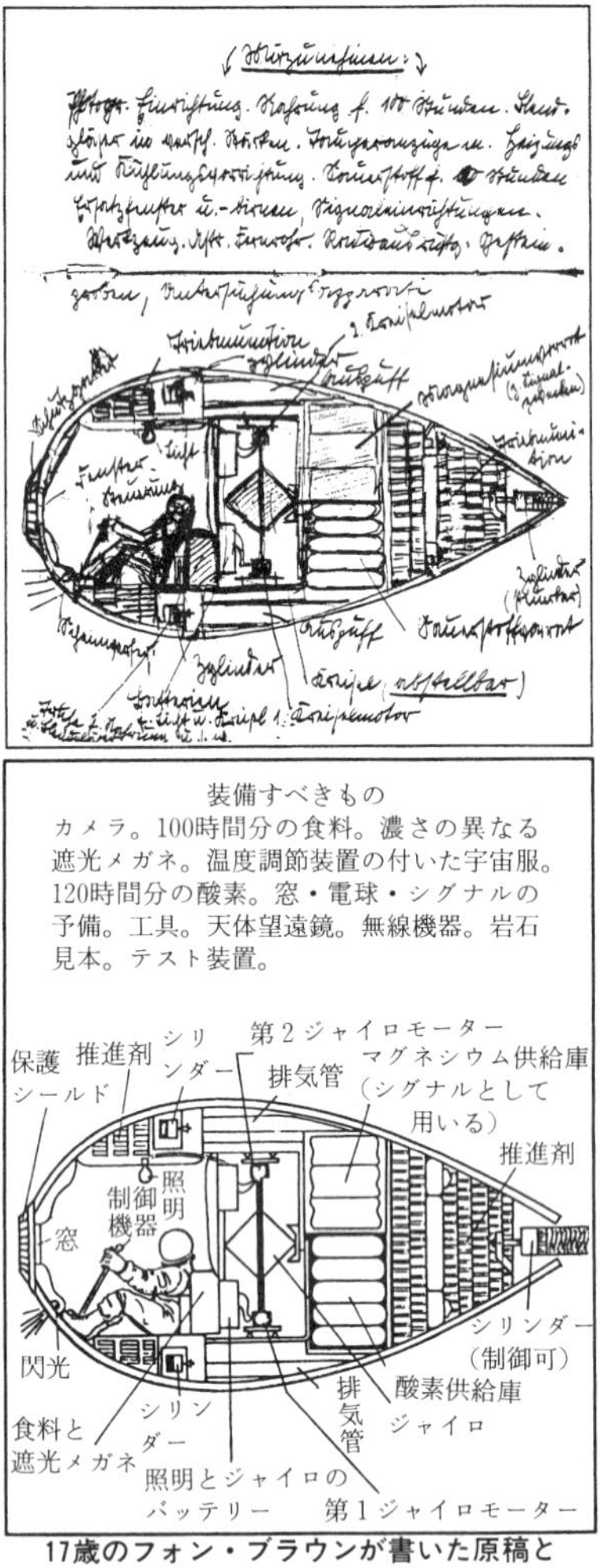

17歳のフォン・ブラウンが書いた原稿とスケッチ

VfR（ドイツ宇宙旅行協会）を結成し、その会員はまたたく間に五〇〇人を突破した。しばらくはその機関誌『ディ・ラケーテ』のもとに団結していたが、一九三〇年代に入って、ついにベルリン郊外に実験場を定め、本当のロケット実験に挑むことになった。

初めてのプロジェクト

一九二八年初め、ヴェルナーは、学業優秀につき他の子どもたちよりも一年早くエッテルスブルクのヘルマン・リーツ校を卒業した。しばらくは両親とベルリンに暮らしたが、この年の秋には、わが家から遠く離れた北海沿岸のフリージャ諸島にある、シュピーケロ－ク島のヘルマン・リーツ校に入学した。澄んだ空気、遥か彼方を見通せる美しい浜辺があり、生徒数が少なく、一人の先生が五、六人の生徒を丁寧に面倒見るシステム。ヴェルナーはのびのびと新しい環境を楽しんだ。そしてここでヴェルナーを法律家に育てたいという父の願望は、最終的に無残に砕かれた。ヴェルナーは、一九二八年、前年に結成されたVfRに高校生の「分際で」入会し、その一生をロケットに捧げる意志を明確に示した。

このシュピーケローク島のヘルマン・リーツ校にいた時、ヴェルナーは、校長を説得して五インチの天体望遠鏡を購入させている。そして一七歳の少年ばかりの「天文台建設チーム」を組織し、地面を掘ったり、煉瓦を積み重ねたりという大工仕事をみんなでやって、いっぱしの「天文台」を作り上げた。これはヴェルナー・フォン・ブラウンの最初の「ビッグ・プロジェクト」であった。確実なスポンサーを見つけ、強力なチームを組織してそれをリードするヴェルナーの底力が見事に花開いた記念すべき出来事だった。

一九三〇年初めには、ベルリン・シャルロッテンブルクの工科大学に進学した。ベルリンにおける仲の良い友人だったロルフ・エンゲルは、後々までロケット開発の同志になる人物だったが、当時のことを振り返って語っている。

――「VfRは、ベルリンで例会を開いていました。一九二八年の暮れのことですが、例会に集まっていたのは、ヴィリー・ライ、マックス・ファリア、ヨハネス・ヴィンクラーなど二〇人くらいでした。そのなかに一六歳の高校生が二人交じっていたのです。ヴェルナーと私です。ヨハネス・ヴィンクラーが例会への招待状を送ってくれたのです」

一九三〇年四月、ベルリンでヴェルナーは初めて、ライの紹介でオーベルトと会う。オーベルトが、ガソリンと液体酸素を加圧窒素で送るしかけの「ケーゲルデューゼ」というロケットのノズルと燃焼室を設計し終え、地上燃焼実験に入る頃の話である。ヴェルナーは懸命にその仕事を手伝った。これが彼の初めての本格的ロケット作業であり、またこの二人の天才の、以後ヴェルナーの死まで続く五〇年弱にわたる交際の始まりだった。

ケーゲルデューゼの思い出は、ロルフ・エンゲルの回想にもある。

――「一九三〇年にオーベルトの〈ケーゲルデューゼ〉というロケットの燃焼実験が、ライヒスアンシュタルト（国立の標準規格研究所）において行われたのを覚えています。クラウス・リーデルとルドルフ・ネーベルが点火の準備を行い、ヴェルナーと私は電気回路を担当しました。実験は大成功でした」

一九三〇年八月の地上燃焼で、ケーゲルデューゼは、九〇秒間にわたって七キログラムの推力を発生し、四・九二キログラムのガソリンと液体酸素を消費した。この日、ドイツで、液体燃料ロケットが市民権を得たのであった。このケーゲルデューゼは、おりから開かれたベルリンの展示会に出品され、オーベルトはヴェルナーの広報の才能を見込んで説明役に指名した。この抜擢は大当たりで、つめかけた大勢の人びとの前で、ヴェルナーは、ロケットの原理から話を始め「みなさんが生きている間に、人間が月面で仕事をする様子を目にすることができるでしょう」と結んだ。そのなかの何人かが、後に一九六九年の七月の出来事をテレビで見て、アポロ11号を運んだロケット「サターンV」を設計したのが、四〇年近く前、あのベルリンの展示会で説明していた大学生だということを認識できたであろうか。

新時代の旗手たち

モスクワのロケット・グループ（GIRD）のリーダーだったフリードリヒ・ツァンダーは、

旧ソ連のロケットの先駆者である。彼はラトヴィアのリガで一八八〇年に、インテリのドイツ人の家に生まれた。二歳で母親を亡くし、天文学者の父に育てられた。幼い頃から非常な天分を示し、一九〇八年に、ジェット推進の理論的研究を始めたが、既にこの年、飛行機とロケットの能力を組み合わせて、今日のスペースシャトルとそれほど違わない乗り物をつくるアイディアを提出している。

その独創的な頭脳は、たとえば今日でいう「ソーラー・セイル」、つまり太陽の光の圧力で惑星間を飛行していく着想を生み出したし、一九二四年には火星への飛行についての論文を書いている。そして一九二九年には実際にロケット・エンジンを作り始め、翌年の夏いっぱいを使い、ガソリンを燃料とする小さなロケット・エンジンを作った。このささやかな実験は、後に有名なロケット「OR－1」へと引き継がれていく。

ツァンダーとコロリョフはこの頃、ツァーギ（中央空気水力学研究所）で一緒に仕事をしていたが、時間外や週末を決まってGIRDで過ごした。コロリョフのツァーギでの任務はアンドレーイ・ツポレフの重爆撃機に用いる自動操縦装置の開発だったが、本人の情熱はもっぱらGIRDにあった。

ツァンダーの「OR－1」で五〇回を越す燃焼テストが実施された後、「OR－2」でもっと進んだロケット技術へと進んだ。OR－2は、推進剤としてガソリンと液体酸素を使用し、推力五〇キログラムを達成したのだが、燃焼室を液体酸素によって冷却し、ノズルも閉回路の水循環システムによって冷却するという卓抜したアイディアのものだった。

モスクワGIRDのグループとともに、ソ連のロケット開発は、やっと「理論から実機へ」の歩みを開始したのだった。

その頃、レニングラードのGDL（気体力学研究所）でも、N・I・チホミーロフのもとでロケット研究が精力的に続けられていた。彼の固体燃料ロケットの実験は既に一八九四年から始まっていたが、彼はモスクワにおいて自前で二〇年以上も研究を続行し、一九二一年についに政府からの予算を獲得することに成功した。そしてレニングラードで一連の発射テストを実施した後、一九二五年、全施設をモスクワからレニングラードに移した。一九二八年には、後にソ連軍の重要な武器となったカチューシャ・ロケット（最初の無煙火薬ロケット）の発射テストを行い、直後にGDLが発足した。

ヴァレンチン・P・グルーシュコがGDLに来たのもこの頃のことである。

こうして一九三〇年代の初め、コロリョフ、ツァンダー、グルーシュコというソ連の「ツィオルコフスキーを継ぐ第二世代の旗手たち」が歴史の舞台に登場した。

その頃セルゲーイ・コロリョフは数年の間、職業学校時代の友人キセーニヤ・ヴィンセンチーニ（愛称リャーリャ）に、手紙を通じて激しい求婚を続けていた。彼女は既に大学を卒業し、オデッサで地域衛生センターのマネージャーとしての職を得、その後地域の健康部門の副検査官となった。この頃セルゲーイは彼女のところを訪ねたが、あいにく赤痢と腸チフスの流行の真っ最中だったため彼女はずっと働きづめで、十分に話をすることすらできない状態だった。この時はセルゲーイは相当怒ったらしいが、結局は一九三一年八月六日、二人は結婚した。

それはたいへん風変わりな結婚となった。非常に短時間の結婚パーティには、二人の友人だけが招待され、彼らはこの二人と一本のシャンペンをただちに飲み干し、セルゲーイは花嫁を馬車に乗せ彼女と一緒にクルスク駅まで走っていった。それからリャーリャの引越しが準備された。すべてがぎこちなく慌ただしく、そしてわびしく執り行われた。

ラケーテンフルークプラッツ

一九三〇年の夏、オーベルトはルドルフ・ネーベルとクラウス・リーデルの助力のもとに、ベルリン近郊のライニッケンドルフにあった兵器貯蔵庫を借り受けロケットの工場と実験場を作った。ここの仕事もヴェルナーは時間を見て手伝っていたのだが、ほどなくオーベルトが故郷のトランシルヴァニア（今はルーマニア）に帰り、活動の中心に座ったネーベルは、ここを「ベルリン・ラケーテンフルークプラッツ」（ベルリン・ロケット飛行場）と名づけた。

「ラケーテンフルークプラッツ」は、後にA－4（V－2）開発で大きな役割を担う人たちの最初の実験場となった。世界史上初めて宇宙へ行こうという志のもとに結集したグループの希望に満ちた出発であった。

実験は一九三〇年八月、「ミラク」という名前のロケットから始まった。燃料にガソリン、酸化剤に液体酸素、モーター・ケースに銅を使ったこのロケットは、地上燃焼はうまくいったが、飛ばすとすぐ燃焼室が壊れて爆発した。後にヴェルナーは書いている。

VfRのミラク・ロケットを担ぐ18歳のフォン・ブラウン（右）（左）はルドルフ・ネーベル。ベルリン・ラケーテンフルークプラッツで

「理論はしっかりしていたが、技術が幼稚すぎた。初期の困難のほとんどは、冷却のやり方、または冷却をやらなかったことが原因だった」

しかし数回の失敗の後、「ミラク」は安定した飛翔をするようになり、やがてVfRのグループは「レプルゾル」というロケットを完成する。その4型のなかには一六〇〇メートルもの高度まで届いたものがある。これは当時の世界記録であった。ドイツではその他にも、「マグデブルク計画」と名づけられたルドルフ・ネーベルの有人ロケットの構想をはじめとして、孤独で多彩な試みが無数にあった。これらはやがてドイツを捉え始めた不況のために続行不可能となった。

ロルフ・エンゲルは当時を回想して次のように語っている。

――「当時は、食べることもままならない時代でした。クラウス・リーデルと私は、シーメンス社の食堂に行っては、VfRの連中のために食糧を運んだものです。まったくお金がなかったのです。もっとも後にはロケット実験の見学料をとって、少しはお金を作ることもできるようにはなりましたが……。私は母に、VfRのために料理をしてくれるように頼みました。彼女はみんなから〈ロケット母さん〉と呼ばれていました」

この苦しい時期のある日（一九三一年暮れか一九三二年初め）、打上げに成功した興奮のなかで、ヴェルナーのつぶやいた言葉をエンゲルが記憶している。

――「ねえ、ロルフ。ぼくは、この仕事を先へ推し進めたいんだ。でもぼくたちにはお金はない。お金やいろんな援助をしてくれるのは、陸軍だけだよ」

おそらく、ヴェルナーと来るべき上司ドルンベルガーとの出会いは起きた後であろう。既にヴェルナーの心に、このような心細い状況では、いつまで経っても月や火星へは飛んでいけないという気持ちが芽生えていたことを、この言葉は物語っている。宇宙への憧れが強く現実的であればあるほど、VfRの取り組みのままではいけないという思いが、ある種のあせりを生じさせてもいたであろう。ヴェルナー一九歳の冬であった。

ナハビーノの森で

一九三三年八月一七日午後七時、モスクワの西約三二キロメートルのところにあるナハビーノの森から、ソ連最初の液体燃料ロケット「ギルド09」が発射された。

モスクワのロケット・グループ（GIRD）のミハイール・チホヌラーヴォフの設計になるこのロケットは、重量一八キログラム、固体ガソリンを液体酸素で燃やす方式で、飛行は一八秒間続き、最大高度四〇〇メートルに達した後、滑らかな弾道を描いて隣の森に突っ込んだ。コロリョフが大きな役割を果たしたこの打上げは、アメリカのゴダードによる液体燃料ロケットの打上げ成功に遅れること七年目の快挙であった。

ロケット打上げを指揮するコロリョフ（左）　ナハビーノの森で、1933年8月17日

その前の年には、ヴェルナー・フォン・ブラウンがドイツ軍部からの援助を受け、液体燃料ロケットについて仕事を開始している。コロリョフとフォン・ブラウン。終生のライヴァルが、それと知

らずロケット開発の本流に飛びこんだのであった。

　現在ナハビーノの森にはこの発射成功を記念する石碑が立っており、それにはコロリョフやチホヌラーヴォフだけでなく、あの世に旅立ったツァンダーに対しても賞賛の辞が刻まれている。「ギルド09」の飛行のわずか数週間後、ツァンダーの「OR－2」ロケットの改良型「ギルドX」が同じ地点から打ち上げられた。

　ナハビーノにおいてロケット実験に成功した後、レニングラードのミハイール・トハチェフスキーの努力で、モスクワとレニングラードの二手に分かれて進められていたロケット開発を一つにまとめる作業が続けられた。一九三三年一〇月三一日にできた新しい組織はRNII（反動推進研究所）と称し、レニングラードGDLからの軍事技術者イヴァン・クレイメーノフが初代の所長に任命された。コロリョフは副主任技術者という位置についた。

　多忙ななかで、コロリョフと、医療の仕事で忙しさに追われていた新妻キセーニヤの間に赤ちゃんが誕生した。一九三五年四月一〇日に生まれた娘のナターシャである。現在モスクワの著名な肺の外科医であるナターシャは語っている。

――「私の父は女の子を欲しがっていて、生まれる前から私が女の子であると確信していたようです。父はレフ・トルストイが好きだったので、『戦争と平和』のヒロインであるナターシャ・ロストフにちなんで私の名前を付けたのです。まだ私が生まれていないのに、ナターシャという名前にするんだって友達に話していたみたいですよ」

セルゲーイ、キセーニヤ、ナターシャの三人は、当時の若い夫婦の常として自分たちのアパートを持つことができず、セルゲーイの母マリヤ・ニコラーエヴナ、義父のグリゴーリー・バラーニンと一緒にオクチャーブルスカヤ通りに住んでいたが、一九三六年に、コニュシコーフスカヤ通り二八番地のアパートに引っ越すことができた。ナターシャの記憶では、母キセーニヤはいつも職業柄忙しかったし、父セルゲーイもロケットの仕事に没頭しており、RNIIで長い一日を送っていたという。

こうした一九三三年から一九三八年頃にかけてクレイメーノフ所長とコロリョフを中心に展開されたRNIIの仕事は、ソヴィエト連邦という国家の将来にとって、基本的に重要なものとなったはずである。しかし歴史はそうは行かなかった。トハチェフスキー、クレイメーノフ、グルーシュコ、コロリョフだけでなく、ソ連の多くの科学者・技術者・軍の指導部に衝撃を与えたスターリンの粛清のせいで、コロリョフたちの多くの実績が、それから七年の間まったく無視されることになったからである。

第2章　粛清とファシズムと

一九三〇年代の世界的なロケット・ブームを背景にして、どの国にも近代的なロケット技術の芽ができ始めていた。もし国が投資を惜しまなかったならば、かなりの速さで戦闘に貢献するロケットを作り上げる用意はできつつあった。何もないところで呻吟した実験家たちの簡素なロケットから、現代の途方もなく複雑なロケット・システムへの移行が、無数の人びとの一生を踏み台にして行われようとしていた。第二次世界大戦はもうすぐそこに迫っていた。

タクシーでの出会い

ＶｆＲ（ドイツ宇宙旅行協会）の崩れかかったバラックが、一万人を擁する陸軍のロケット開発センターに変身を遂げる契機は、一九三一年の暮れに、ベルリン市内を疾駆する一台のタクシーのなかで訪れた。

当時一九歳のヴェルナー・フォン・ブラウンがタクシー運転手のアルバイトをしていて、ドイツ陸軍におけるロケット開発の中心人物二人が偶然その乗客になったことは、既にプロローグで述べた。その出会いを経て一九三二年夏、三人の陸軍の要人がライニッケンドルフにあるVfRの発射場を訪れた。フォン・ホルスティヒとドルンベルガー、それに彼らの上司カール・ベッカー大佐である。当時ベッカーはドイツ陸軍の弾道兵器部門の責任者、フォン・ホルスティヒは兵器の専門家、ドルンベルガーは火薬ロケットの責任者だった。

この時の議論で、VfRは、ベルリンの南一〇〇キロメートルほどにあるクンマースドルフ近くの陸軍の実験場で「ミラクII」ロケットの打上げが成功したら、という条件つきで、一〇〇〇マルクの契約を獲得した。この頃までに、VfRの会員は減少の一途をたどっていた。一九三二年七月のある日、ミラクIIは、六〇メートルほどの高度まで飛翔したが、その後経路がおかしくなり、パラシュートが開く前に地上に激突してしまった。当然ながら陸軍はVfRへの興味が失せたかに見えたが、フォン・ブラウンがベッカー大佐に直接交渉したところ、その説得は功を奏した。フォン・ブラウンの回想によれば、この時のベッカーの言葉は次のようなものだったそうである。

——「我々は、ロケットに大いに関心がある。しかし君たちのやり方には、いろいろと欠点がある。我々の目的からすれば、芝居っ気が多すぎる。小さなロケットを飛ばすよりは、科学的なデータを集めることに集中した方がずっといい仕事ができると思うがな」

フォン・ブラウンは、ベッカーの言葉をもっともに思い、必要な機器さえ提供してくれれば、科学的・技術的データを集めたいと思うと答えた。が、次にベッカーは、フォン・ブラウンの一生を決める提案をした。もし陸軍の施設のなかで仕事を続けるなら、財政的援助をしてもいいという条件を出したのである。

フォン・ブラウンがライニッケンドルフに帰った時、みんなは軍の援助を受けることに反対した。民間企業のサポートを得るべきだという意見だった。長い議論の末、ネーベルもリーデルもしぶしぶフォン・ブラウンの意見を受け入れ、間接的には協力することを約束したが、実際に陸軍兵器局に入って大型ロケット開発を始めたのはフォン・ブラウンただ一人だった。一九三二年一一月、彼は二〇歳になっていた。

陸軍のクンマースドルフ実験場でフォン・ブラウンに与えられた実験室は、スライド式の屋根のあるコンクリートの建物だった。ここでフォン・ブラウンの設計した小さな水冷式のロケットが初めて燃焼実験に供せられたのは一九三三年一月。最初の実験で、六〇秒間にわたって一四〇キログラムの推力を出し、滑り出しは好調だったが、それから後は、着火直後の爆発、ヴァルヴの凍結、ケーブル・ダクトの火事……、事故の連続であった。

しかしフォン・ブラウンとその配下の若者たちは、電話帳の「イエロー・ページ」をめくって、溶接業者、機器メーカー、ヴァルヴの製造業者、火薬製造元など、あらゆる人びとに連絡を取り、彼らの助力を得て、ついに液体酸素とアルコールを推進剤にした推力三〇〇キログラムの再生冷却式エンジンを作り上げた。これは、既に六カ月前に準備を開始していたA－1ロケットの飛翔前試験になるはずだったが、着火のシグナルを送ってわずか〇・五秒後、大音響とともに爆発し粉々になってしまった。着火がわずかに遅れたため、燃焼室を満たした混合ガスが爆燃を起こしたのであった。

一九三三年にヒトラーが政権を握ってからは、ヴェルナーのかつての仲間たちが行っていたVfRのロケット実験はベルリン警察のうるさい規制を受け始めた。会員の数の減少に加えて、機関誌『ディ・ラケーテ』の発行も続けられなくなり、ドイツ青年の間に一大ロケット・ブームを起こしたVfRは、静かに活動を停止した。

ところで、A－1には、他にも作業の進行とともに気づいた欠点がいくつかあったため、もっと質量配分がよく飛翔安定もすぐれているA－2に引き継がれ、フォン・ブラウンがクンマースドルフに来て二年たった一九三四年一二月、ついに申し分のない打上げ成功を収めた。この日、ドイツの有名な漫画の主人公である「マックス&モリッツ」の名を冠せられた二機のA－2ロケットが、北海に浮かぶボルクム島から同時に発射され、高度二五〇〇メートルをマークした。どちらのフライトも完璧だった。

後にフォン・ブラウンは書いている。――「このA-2の成功は、ロケットの歴史にとって非常に大きな一歩でした。なぜなら、これで当局の財布の紐がゆるみ、ロケット関係者は意気揚々と次のA-3計画に踏み出すことができたからです」

ペーネミュンデへ

A-2が見事に飛翔した数カ月後の一九三五年春、クンマースドルフのチームはドイツ空軍の航空機開発の責任者であるヴォルフラム・フォン・リヒトホーフェン少佐の訪問を受けた。彼の目的は、航空機を加速するのに液体燃料ロケットを使えないかを調べることであった。フォン・ブラウンたちは、空軍の幹部がよりによって陸軍の施設にやってきて技術的な打開策を探すことにびっくりしたが、陸軍がロケット開発の将来のためにその調査を受け入れたことにも驚いた。しかもフォン・リヒトホーフェン少佐の動きはすばやく、最初の地上燃焼試験を実施するやいなや、ロケット戦闘機と重量爆撃機のJATO技術（離陸補助にジェットを使う技術）を開発することを要請した。当時クンマースドルフにはわずか八〇人しか働いておらず、小さな実験設備しかなかった。これではとてもその任には耐えないと見てとるや、フォン・リヒトホーフェン少佐は、どこか別の場所に大きな施設を建造するために、五〇〇〇万マルクを提供すると言い出した。

この申し出は、おそらくどこの国の軍隊でも横紙破りと見られるような縄張りの侵害だろう。

案の定、フォン・ブラウンの直接の上司フォン・ホルスティヒ大佐は、苦虫を嚙み潰したような表情でフォン・ブラウンをカール・ベッカーの部屋に連れていった。この頃にはカール・ベッカーは将軍になっており、陸軍兵器局長の重責を担っていた。カール・ベッカーは空軍のでしゃばりに対して怒り心頭に発しており、真っ赤になって吠えた。――「空軍の成り上がり者めが！こちらが苦労してやっと有望なロケットを作れるようになったら、のこのこと出て来て奪い取ろうとしやがる。今に見てろ。あいつらがロケットの仕事では、少数派だということを思い知らせてやる！」

さすがにフォン・ホルスティヒ大佐はうろたえて、「それは、五〇〇万マルク以上の金をロケットに使うということですか？」と訊ねた。

――「当たり前だ。あいつの五〇〇万の上に六〇〇万を積んでやる！」

その場に居合わせたフォン・ブラウンの感想は残されていない。しかし、その頃わずか八万マルクの年間予算で仕事をしてきたフォン・ブラウンは、合計一〇〇〇万マルクを超える予算がつくことを聞かされて、目の眩むような絶頂感を味わったのではないだろうか。これで宇宙へ大きな一歩が踏み出せる！

それにしてもクンマースドルフは狭い。ロケット関係者は、一九三五年秋から新たな実験場を懸命に探し始めた。三〇〇キロメートルを超える距離を飛ぶロケットの発射場、それもできれば海の上を海岸に沿って飛び、光学的・電気的に飛翔経路を追跡できるような場所で、なおかつ大きな施設があっても人目に付かないような秘密の場所。

実験場探しの話を聞いたフォン・ブラウンの母エミーは、夫マグヌスがたびたび鴨を撃ちに出かけていた、バルト海の沿岸に浮かぶ小さなウゼドム島を思い出した。確かペーネミュンデというちっぽけな漁村があったはず……。

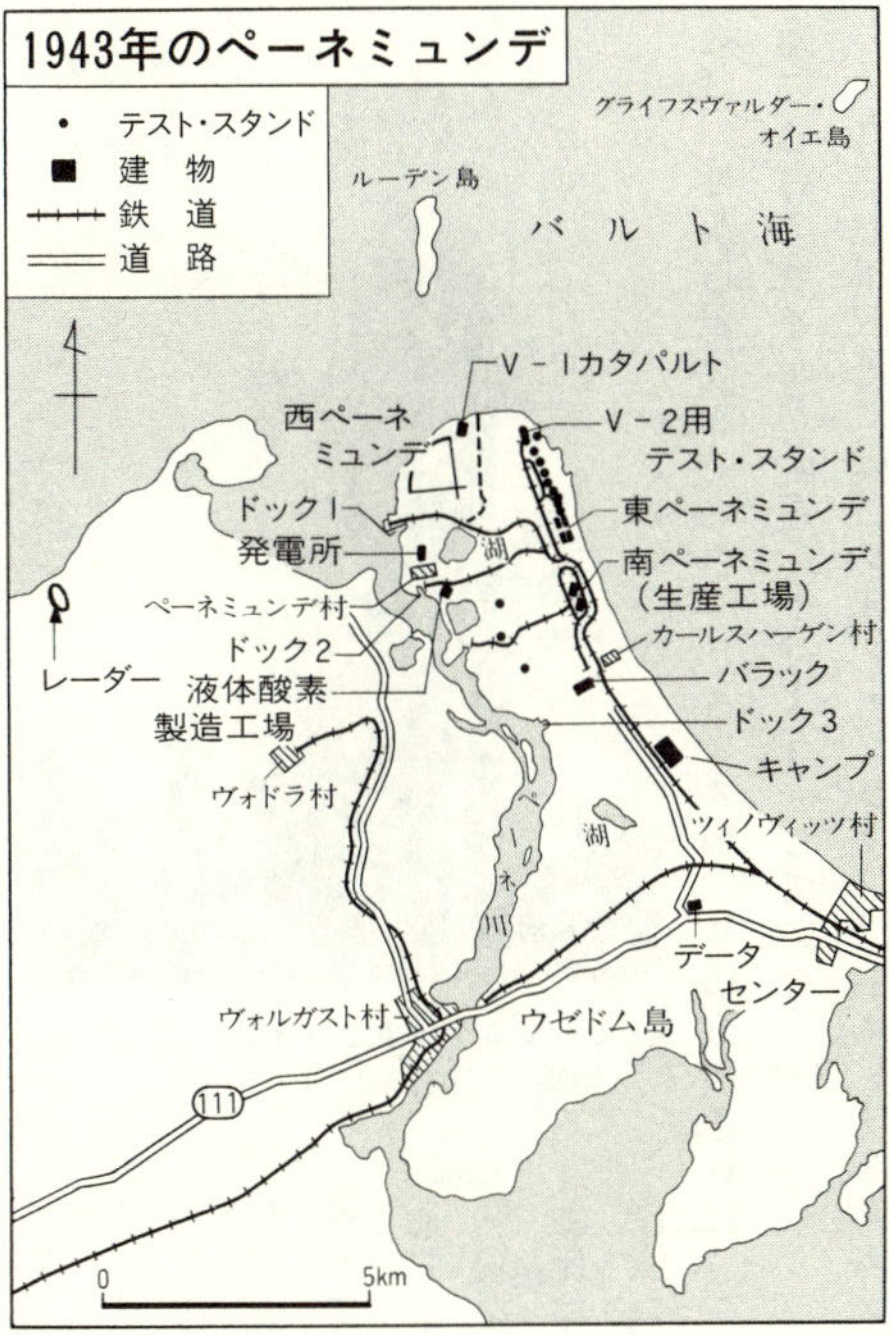

こうして、クンマースドルフの名は歴史から消え、人類のロケット開発の歴史に新たなページが加わった。——近代ロケットの聖地、ペーネミュンデ。

一九三五年一二月、フォン・ブラウンはみずからここへ足を運んだ。ベルリンから北へ一八〇キロメートル、ウゼドム島の北端にあるペーネミュンデは、その地域の釣り人やたまにやっ

A－3ロケットとフォン・ブラウン
（中央） 1937年12月

てくる鴨撃ちにしか知られていない寒村だった。この平和な村の静寂は、一九三〇年代のなかばになって、突如やってきた調査隊、道路づくり、建設業者、エンジニア、軍人、科学者などの一群の人びとによって一挙に破られ、村はみるみる変貌を遂げていった。鬱蒼とした灌木、砂丘は、近代的だが一見突飛な姿をした巨大な建築物に取って代わられた。周りには、外から覗けないようにフェンスがはりめぐらされた。ここから人類史上初めての長射程距離の誘導ミサイルが産声を上げようとしていた。

一九三七年四月には、フォン・ブラウンたちロケット・エンジニアの一行が、隣町のカールスハーゲンに移り住んだ。大勢の人の力が必要とされていた。精力的に人集めに動いたフォン・ブラウンの力で、クラウス・リーデルをはじめとするライニッケンドルフ時代の盟友たちが続々とペーネミュンデのチームに加わってきた。

同年九月、ペーネミュンデ・チームの第一回の発射実験が行われた。まだペーネミュンデでは発射設備が完成しておらず、打上げ場所はペーネミュンデの北にある小島グライフスヴァルダー・オイエだった。そのA-3ロケットは、三軸のジャイロスコープとジェット操舵板を装備し、かなりの重さの機器が乗せられることになった。いよいよ本格的なロケット制御への挑戦が始まったのである。しかし残念ながら、A-3ロケットは、発射は順調だったものの直後に経路が異常になった。搭載した機器だけではモニターできないさまざまな未解決の問題が一挙にエンジニアを取り囲んだ。本来であれば、A-3を直接A-4につなげ、一トンの弾頭を二五〇キロメートル飛ばすという陸軍の要求を満たす計画だった。しかしA-3の不調で、やむなくA-4を開発する前にA-5という回り道をして、飛翔の安定と誘導を確かなものにすることになった。

A-5の打上げは、一九三八年夏からグライフスヴァルダー・オイエ島において行われた。まず誘導システムを搭載せずに数機連続して成功を収め、翌年秋からは誘導システムを装備して完璧なフライトをした。結局二年間で二四機のA-5が飛び立った。そのうちの数機は回収されて何度か使われた。

人類の記念碑的なロケットまで、あと一息であった。

コロリョフの囚人生活

一九三八年六月二七日の早朝、妻と娘と暮らしているモスクワのアパートから、内務省の役人

29歳のコロリョフ　最初の妻キセーニヤと1歳の娘ナターシャと一緒に

たちがコロリョフを強引に連行した。彼は三一歳だった。逮捕されたのは、同僚のクレイメーノフ、グルーシュコらの陳述によるものだったことが判明している。彼らはコロリョフよりも前に、ドイツにおける反ソヴィエト団体と共謀しているという疑いにより逮捕されていた。

クレイメーノフは、ロケット工学に転身するまでは、ドイツへのソ連貿易調査団の一員だった。彼は前年一一月に逮捕され、有罪を認め処刑された。後にコロリョフのライヴァルとなるグルーシュコは、コロリョフの一カ月前、つまり一九三八年五月二三日に逮捕され、八年の禁固刑に処せられていた。

ソ連の宇宙開発に暗い冬の時代が訪れたのである。

そのうちに、モスクワ高等技術大学でセルゲーイの師であったアンドレーイ・ツポレフの嘆願により、事件を再審議するため彼をモスクワへ呼び寄せる書類が届いた。収容所を離れ、一五〇キロメートルの距離にある近くの町マガダンをめざした。マガダンに到着するとオホーツク海経由のその季節最後の船は既に出航していた。しかし何が幸いするかわからない。数日後、激しい嵐に見舞われ、その船の乗客全員は命を落としたのである。

こうして、彼はマガダンで残りの冬を過ごし、労働者として靴の修理やその他の仕事をして、春まで働いた後、モスクワをめざした。彼の壊血病は悪化し、ハバロフスクでは半死状態で列車から降ろされた。体はむくみ、歯からは血がでて抜け落ちてしまった。一週間後モスクワへの列車に乗った。

一九三九年に再審議の結果、セルゲーイの刑期は一〇年から八年に減刑となった。彼はシベリアのコリマへ戻されるはずだったが、たくさんの人が彼のために嘆願をし、一九四〇年九月にツポレフが入れられていた小さな収容所のシャラーシュカに移ってきた。シャラーシュカにいたほとんどの人びとは、同僚や友人からの通報で犯罪行為を申し立てられた科学者、技術者であった。そして彼らは、上から与えられた仕事を熱心に行っていた。彼らの労働の心理的動機を推し量るのは難しい。彼らのほとんどは、基本的人権を奪われ、家族にも会えず、手紙や小包も許されず、監視をつけられ、しかも創造的に念入りに働いていた。モスクワのラジオ通りにあるそのビルには、今日でもツポレフの計画局が戦争の災いの記念として遺されている。

やがてセルゲーイは、ツポレフのシャラーシュカからブチールスカヤ刑務所へ移送され、ついで一九四一年、シベリアのオムスクへ、さらに一九四二年末には、モスクワから六五〇キロメートル離れたカザンへ移った。カザンから戻ったのは、一九四五年の春である。実に六年間という、長い長い四人生活だった。

A－4への道

A－4ロケットは、一〇〇〇キログラムの弾頭を積み二九〇～三四〇キロメートルの射程を持つように設計された。全長一四メートル、直径一六五センチメートル、重さ一万二〇〇〇キログラム、言うまでもなく当時世界最大のロケットだった。酸化剤の液体酸素と燃料のエチルアルコールは、ターボポンプで燃焼室に供給され、二万五〇〇〇キログラムの平均推力を発生した。

画期的だったのはその誘導システムである。あらかじめ決められたコースを記憶しておき、ジャイロスコープとドップラー・レーダーが示す変化をもとにして、実際の飛翔経路を電子回路でチェックする。その結果を、記憶している予定のコースと比較して適切な指令を出し、尾翼の舵と噴射板を動かした。数千度に達する燃焼室の壁を冷却するために液体酸素を循環するシステム、推進剤を高圧の燃焼室に送り込むためのターボポンプなど、現代のロケット

ペーネミュンデのテスト・スタンド

の直接の先祖ともいうべき近代的ロケットだった。

こうしたA－4のコンセプトの基本は、一九三六年から一九三七年にかけて形成されたが、A－5の一連の打上げ成功を承けた一九三九年、A－4の完成に向けてシステマティックな取り組みが開始された。

ペーネミュンデの設備を使ってさまざまな試験が入念に行われ、一九四〇年秋には、アルコールと液体酸素を送るターボポンプの製造にかかる態勢となった。タービンを回す蒸気は、過酸化水素と過マンガン酸塩から作り出した。これは潜水艦用にキールのヴァルター社が開発したものであった。A－4用のものは一九四一年に実用段階になった。

もっとも難関だったロケット・モーターの完成は、燃焼効率を九五%以上に高めつつモーター

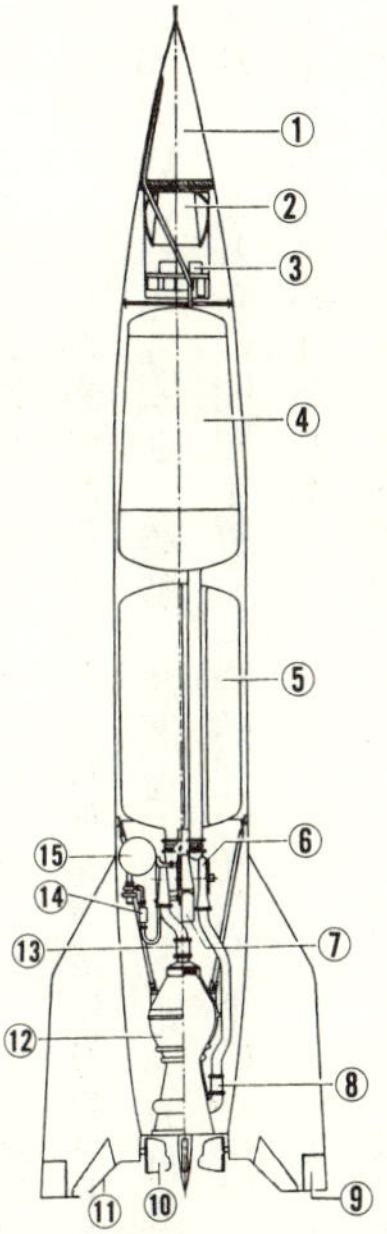

A－4　①炸薬350kg　②誘導装置　③誘導電波ビームと指令受信機（実際のV－2にはない）　**④アルコールタンク　⑤液体酸素タンク　⑥推進剤供給ターボポンプ　⑦ターボポンプ駆動ガス排出口　⑧アルコール主弁　⑨空気力舵　⑩ジェット板**（排気舵）　**⑪アンテナ**（実際のV－2にはない）　**⑫25トン推力エンジン燃焼室　⑬液体酸素主弁　⑭ターボポンプ駆動用ガス発生器　⑮過酸化水素タンク**

の小型化を成し遂げた天才設計者ヴァルター・ティールの力によっていた。

A-3やA-5に比べると、A-4がめざしている誘導制御はかなり複雑だった。どれくらいの安定マージンが必要だろうか? 飛翔を適度に減衰させるために、操舵翼の角速度はどれくらいがいいのだろうか? 姿勢の履歴をどのようにとれば最適のプログラムと言えるだろうか? 山積するこれらの問題を解くために、一九三九年にヘルマン・シュトイドゥンクをリーダーとして飛行力学部が作られた。

こうしたA-4への茨の道の途上、一九三九年秋に第二次世界大戦が勃発した。ペーネミュンデのロケット開発が、戦争中に有為な結果をもたらすとは信じられていなかった証拠に、主要メンバーが次々と前線に引き抜かれていった。残ったメンバーの仕事はますますきつくなる一方だった。

一九四二年の春、ついにA-4は最初のテスト飛行にこぎ着けた。うなりを発しながら点火は成功し、優雅にロケットが地上から離れたかに見えた一秒後、燃料供給システムに異常が生じ、ロケットの巨体は推力を失って尾翼にしなだれかかるように落下、もろくも倒れて大音響を立てながら爆発炎上した。

四週間後、2号機が発射された。懸念された「音速の壁」は無事に通過したが、打上げの四五秒後、わずかに振動が始まったと見る間もなく、白い蒸気を吐き出したロケットが爆発して粉々に砕け散った。計器類を包んでいる外板の剛性が弱かったことが判明し、そこの部分を補強して、歴史的な一九四二年一〇月三日を迎えた。

ロケットは予想どおりの性能を発揮した。よく晴れており、点火の六三秒後に起きた燃焼終了が確認された。レーダーによる追跡は、搭載した送信機が五分以上にわたって正常に機能したことを示していた。バルト海への落下も確認され、偵察機は緑のシー・マーカーを発見した。到達高度八五キロメートル、水平距離一九〇キロメートルだった。

A－4ロケットの発射

祝賀会におけるドルンベルガーの演説――。

――「我々が今日成し遂げたことの意味を、諸君は理解しているでしょうか。今日この日、宇宙ロケットが誕生したのです！　しかし私は警告します。我々の頭痛のタネは去っていません。たった今始まったばかりなのです！　それはともかく、ロケット推進が宇宙飛行に使えることを、我々は証明しました。……一九四二年一〇月三日は、新しい旅行の時代、宇宙旅行の時代の最初の日となりました。……戦争が続行されるかぎり、我々のもっとも緊急の任務はロケットを兵器として完成させることにあります。しかし今の段階で予見できない可能性に向けての開発は、平和な時代の課題となるでしょう。……」

戦争さなかの軍人の言葉とはとても思えないこの言葉は、しかし事態の本質を実に的確に捉えている。大型ロケットの持つ未来への意味と同時に、「頭痛のタネ」についてもよく言いあてていた。そしてその頭痛のタネがやってくるのに、時間はかからなかった。まずヒトラー自身がロケットの熱烈な信奉者に豹変し、ついで側近はA－4の量産をすぐさま主張し始めた。ゲルハルト・デーゲンコルプを長として「A－4委員会」なるものが組織された。科学も技術もわからず、権力だけはやたらとある人びとの集団が、まだ技術的に未成熟な段階にあるA－4に対して、「大量生産」という旗を掲げて襲いかかってきたのである。

とりわけ一九四二年末以降、ペーネミュンデの作業はA－4を見たい人びとの訪問によってしばしば中断されたが、それでも打ち上げるごとに技術の改良は達成されていった。そしてペーネミュンデの南、ベルリン、ウィーン近郊、コンスタンス湖畔の町フリードリヒスハーフェンのツェッペリン格納庫にまで、部品生産とミサイル組立の工場が作られていった。ドルンベルガー自身にも命令が下り、戦場でA－4を展開し打ち上げることのできる特殊部隊を訓練する仕事が加わった。

こうしてA-4の実戦配備の準備が急がれていた頃、一九四三年八月一七日の夜、イギリス空軍が約六〇〇機の戦闘機ランカスターを投入して、ペーネミュンデの空に来襲した。この空襲は三時間続き、爆弾が雨霰《あめあられ》と狭い地域に集中して落とされた。煙が晴れ、火事が消された後に残されたのは、約八〇〇人の死傷者、その半分以上が道路建設などに駆り出されていたロシア人の捕虜だった。技術者やその家族の犠牲者のなかには、ロケット・エンジンの責任者であるヴァルター・ティールが含まれていた。工場は壊滅的にやられ、居住区も悲惨な有様だったが、一一基のテスト・スタンド、ヘルマンの風洞、シュタインホーフの誘導制御棟はすべて奇跡的に無事だった。

この空襲の後、ヒトラーはA-4の生産をすべて地下に移した。ハインリヒ・ヒムラーがその責任を負い、SSのハンス・カムラー将軍が実行の任に当たった。カムラーはいくつかの強制収容所を管理していたので、労働力の動員はお手の物だった。不幸な囚人たちを容赦なく鞭打ちながら、カムラーはハルツ山脈南東の廃坑をドイツ最大の地下工場「ミッテルヴェルク」に生まれ変わらせ、航空機・戦闘機のエンジン、V-1、潜水艦などの部品を製造していった。既に一九四三年春から建設を開始していたこのミッテルヴェルクの施設でA-4も製造されるようになり、ここで初めてA-4が組み立てられたのは同年一二月のことだった。

ここで作られた最初の頃のA-4は、ほとんどがドルンベルガーの指揮する訓練用に当てられ、残りはペーネミュンデに運ばれてA－4の改良用に供せられた。しかし一九四四年秋から、A－4の一部は戦場で展開するために直接西ヨーロッパの前線に輸送されるようになった。

ところで、陸軍と同様にペーネミュンデに巨額の投資をした空軍の仕事はどうなっていたのであろうか。陸軍の研究が東ペーネミュンデで行われていたのにたいして、空軍の研究は、西ペーネミュンデで行われていた。ここでは、ロケット推進の飛行機、JATO、地対空ミサイルなどの研究が地道に続けられ、時には東ペーネミュンデの陸軍のメンバーとも共同研究が組まれた。フォン・ブラウンの回顧によれば、一九四二年から翌年にかけて、A－4の主要な問題が一段落した時、地対空ミサイルの計画が開始された。「ヴァッサーファル（ウォーターフォール）」である。ヴァッサーファルは約三〇機飛ばされ、そのほとんどが成功を収めたが、実戦への配備には至らなかった。

A－4ついにロンドンへ

ペーネミュンデがナチス当局と行わなければならない折衝のほとんどは、ヴェルナーの擁護者ドルンベルガーが担当した。一九四三年の暮れまでは、フォン・ブラウン自身がペーネミュンデの外との関わりを持つことはほとんどなかった。しかしナチスの上層部がA－4の軍事的価値を認識するようになってからは、SSの将軍ハンス・カムラーが、ペーネミュンデの管制権を陸軍から取り上げるため執拗な策謀をめぐらし始め、ターゲットはフォン・ブラウンに向けられた。一九四四年二月、フォン・ブラウンは、ハインリヒ・ヒムラーの本部に出向いて活動報告をするようにとの電話を受けた。この模様は、フォン・ブラウン自身の筆によって残されている。

――「私は、かなり怯えながら彼の部屋に入りました。しかし彼の態度はきわめて丁寧で、まるで田舎の教師（ヒムラーの昔の職業）みたいに優しいマナーで私を迎えました。『既に君は知ってると思うが、A－4はもう玩具ではない。全ドイツが奇跡の兵器を待ち望んでいるのだ。……君について言えば、陸軍の官僚主義にさぞうんざりしていることだろう。私のスタッフにならんかね。知ってのとおり、私ほど総統に近い人物はいない。君が融通のきかない将軍たちから受けているよりははるかに効率的なサポートができると思うよ……』。私は次のように答えました。『閣下、お言葉ですが、私にはドルンベルガー将軍以上の上司は望めないと考えております。私どもが経験している開発の遅れは、技術的なものでして、決して陸軍の官僚主義のためではありません。A－4は小さな花のようなものです。咲かせるためには太陽の光、上手に混合された肥料、優しい庭師が必要です。閣下のお考えになっている計画は、液体の肥料をどっと与えるようなことです。それでは小さな花は死んでしまうでしょう』。ヒムラーは、そこで皮肉っぽい笑いを浮かべて話題を転じました。数分後、私は猫なで声のヒムラーから解放されました。そしてその数日後の午前二時、私は三人のゲシュタポ職員によって叩き起こされ、二人の同僚とともに逮捕されてシュテッティンの牢獄に放りこまれました。そこで、私は何の罪で捕らえられたのかについては一切情報を知らされないまま、二週間の間もだえながら過ごすことになったのです」

二週間後にSSから告発された罪状は「フォン・ブラウンの関心は軍事用ロケットではなく宇宙旅行に向いている。彼はA－4をイギリス攻撃に使うことに反対した。しかもロケットの機密書類を持って、小さな飛行機でイギリスへ脱出しようとした」だった。

ところが、このフォン・ブラウンを裁く欺瞞的な法廷にドルンベルガーがやってきた。明らかにドイツの高官からの書類を携えている。その法廷の監督官がドルンベルガーが持参した書類に目を通すやいなや、フォン・ブラウンの解放が命じられ、彼はドルンベルガーとともに立ち去ることを許可された。一体何が起きたのだろうか？

フォン・ブラウンがゲシュタポに逮捕されたことを知った後のドルンベルガーの行動はすばやかった。同時にフォン・ブラウンの釈放がそれほど易しくないことも見て取っていた。まず出向いたのは、陸軍元帥カイテルのところである。カイテルは、この件はSSの仕業だからヒムラーの管轄だが、自分はヒムラーに対する影響力はないとのこと。次にドルンベルガーはヒムラーのところに押し掛けた。しかしヒムラーはただSSの機密局の長であるハンス・カルテンブルンナーのところへ行けと言っただけだった。ところがカルテンブルンナーは不在だったので、次にゲシュタポを率いるハインリヒ・ミュラー将軍を訪れ、「フォン・ブラウンぬきではA－4計画は

A－4で破壊されたロンドン北方郊外のハイゲイト地区

一歩も進まない」ことを強調して、果てしない議論と交渉を繰り広げた。結局ミュラーは折れ、三カ月という期限付きで、フォン・ブラウンとその同僚二人を釈放することに同意したのであった。

SSはA－4を秘密兵器として最重要視していたため、その完成にもっとも重要な役割を果たすフォン・ブラウンと同僚二人を亡き者にすれば、本来の目標が達成できないという自家撞着があったわけだが、他の要素として、シュペーアがヒトラーに対して直接、「A－4を完成させるならフォン・ブラウン抜きでは無理ですよ」と進言し、ヒトラーが嫌々ながら同意したとの裏話も伝わっている。

釈放期限の三カ月が過ぎた時、さらに期限は三カ月延長された。そして新たな三カ月が切れる前の一九四四年七月二〇日、ヒトラー暗殺未遂事件が報じられ、その後フォン・ブラウンの一件は忘れられた。ただしこの暗殺未遂事件以降、SSはペーネミュンデに対する絶対的な支配権を行使するようになり、ドルンベルガーの権利は大幅に縮小された。同年九月八日、A－4はベルギーに配置された可動発射台からパリとロンドンに向けて放たれた。そしてパリを襲った時から、ナチスのゲッベルス宣伝相の命名によって、A－4は、「報復兵器」を意味する“Vergeltungswaffen”を冠して「V－2」と呼ばれるようになった。「悪魔」がA－4を使い始めたのである。

推定では、この兵器により一万二六八五人もの死者を出し、三万三七〇〇もの住居や建物が破壊されたとされている。人類のロケットの近代化は、このような恐るべき殺人兵器を元祖としているのである。

殺人ミサイルと化したV－2は、ロンドン市民を恐怖の淵にたたき込んだ。一五〇〇発を超えるV－2が南イギリスに落ち、二五〇〇人以上の命を奪い、多くの住居や施設を破壊した。一九四四年九月八日に実戦に投入されたV－2の攻撃は、一九四五年三月二七日に終わった。わずか七カ月の「活躍」。もうドイツ人には、戦い続ける力が残っていなかった。

ペーネミュンデからの脱出

一九四三年八月にイギリス軍の空襲を受けたペーネミュンデは、一年後の七月から八月にかけて、三度にわたってアメリカ軍の昼間の空襲を受けた。技術面での被害は少なかったが、こうなると連合国側がペーネミュンデの徹底的な破壊を狙っていることは明白となった。実際には一九四三年から、ペーネミュンデのさまざまな活動は徐々に別の地域に移されつつあった。

一九四四年あたりから連合軍の足音が大きくなってきても、ペーネミュンデの人びとの仕事ぶりは確固として進められていた。それは祖国の勝利を信じるがゆえの行動ではなかった。このペーネミュンデのチームにとって、ロケットは未来の夢にかける仕事だった。そのほとんどが、本音で宇宙を探査するための大きなロケットを建造しているつもりであった。そして彼らの作り上げた巨大なロケットといえども、このドイツの惨めな戦況を逆転する力がないことくらいは理解するリアリストたちでもあった。

生活の苦しさは進行する一方だった。飢えと寒さは厳しさを加え、家族・親戚・同僚・友人が次々と戦争の犠牲になっていき、ヒトラーの第三帝国が、断末魔の喘ぎを見せていくなかで、ヴェルナー・フォン・ブラウンは、透徹した理性で「戦後」を見据えていた。フォン・ブラウンはドイツの抵抗がもう長くないことを見て取っており、人びとへの慰めと励ましの言葉を吐き続け、「いつかまた一緒に働く時が来る」ことへの楽観的な見通しを語り続けていたという。

一九四五年一月末には、ソ連軍はペーネミュンデの東一五〇キロメートルまで迫っていた。ドイツのあちこちに連合軍は進入し、砲火の音がドイツ中に鳴り響き始めた。二月初め、半年前にヒムラーからV-2計画の責任者に任命されていたカムラーは、ペーネミュンデの全人員、全器材を中部ドイツのブライヒェローデに移すよう命令を下した。

同じ頃フォン・ブラウンは、ポメラニア地方の長官から別の命令を受け取っていた。彼もSSの高官であり、ペーネミュンデは彼の所轄下にあった。それは「ペーネミュンデを死守せよ」というものだった。このポメラニアの長官の命令は、まったくナンセンスであるが、ペーネミュンデの達成したものをソ連軍に渡してはならないという長官の考えは、立場としてはしかたのないものもある。

この矛盾した二つの命令の選び方に関して、フォン・ブラウンに躊躇はなかった。どちらを選んでも未来へはつながらない。彼は、親しい面々と秘密裏に会合を続け、みんなである「協定」を結んだ。まずカムラーの命令を受け入れたふりをして、ペーネミュンデの部局を一つずつ南のブライヒェローデへ向かわせる。そして可能ならばさらに南西に向かって発ち、ソ連軍にトラップされる前に西側の連合軍に投降するというシナリオだった。密やかに、しかし整然と、ペーネミュンデから器材と人びとが消えていった。

一九四五年二月一七日、V－2最後のテスト打上げが行われたこの日、膨大なロケットの部品、機器、書類、人員を乗せた最初の列車と約一〇〇〇台のトラックが、ペーネミュンデを滑り出た。オーデル河のはしけも、この大量脱出に使われた。南へ！　ペーネミュンデの人びとの未来への不安な旅立ちだった。フォン・ブラウンは一足先にブライヒェローデへ飛び、この地域のどこにペーネミュンデの人びとの最初のキャンプを作るべきか調査にかかっていた。彼が発つ前に、南へ運べないテスト・スタンドや施設、データなどはすべて破壊・焼却する命令が下されたことは言うまでもない。

三月になると、ソ連軍はペーネミュンデのわずか三〇キロメートル東まで接近してきた。その頃にはペーネミュンデの技術者はすべて脱出し、設備の破壊を担当する人たちが、SS隊員に監視されながら仕事をしていた。しかしソ連軍はすぐにはペーネミュンデに進入しなかった。ペーネミュンデはソ連軍の主要なターゲットではなかったのである。

四月初め、ゲオルギ・ジューコフ元帥は、七五万人をオーデル河畔に展開し始め、一方南のナイセ河畔に沿っては、イヴァン・コーネフ元帥が五〇万人を展開するという布陣をとった。四月一六日午前五時、この大軍は数千機の戦闘機をバックに一斉に攻撃の火蓋を切った。ペーネミュンデは、この大攻勢の片隅のささやかな事件として、五月五日、アナトーリ・ヴァヴィーロフ少佐率いる第二白ロシア軍によって占拠されたのである。

この間、フォン・ブラウンはペーネミュンデ・チームのキャンプを整えるために奔走していた。彼の大きな関心事の一つは、貴重な技術文書の保管であった。それはフォン・ブラウン腹心の二人の人物に託された――ディーター・K・フーツェルとベルンハルト・テスマン。その模様は、フーツェルの著書に克明に描かれている。

――「それらの文書は、言い尽くすことのできないほどの価値を持つものでした。誰であれ、この文書を手にする人は、成果も失敗もふくめて、私たちが達成したところから出発できるのですから……」

この二人が隠し場所を求めてハルツ山脈のデルンテンの廃坑をうろついている頃、フォン・ブラウンはカムラーから新たな命令を受け取った。――「ブライヒェローデを去って、さらに南のバイエルン・アルプスのオーバーアンマーガウをめざせ」

アメリカ軍への投降

かくて四月五日、五〇〇人からなるペーネミュンデ・チームが列車でブライヒェローデを出た。その数日前、運転手の居眠り運転のため灌木に突っ込んで骨折していたフォン・ブラウンは、特別に乗用車で移動することを許された。

オーバーアンマーガウはSSの隊員で溢れていた。彼らはフォン・ブラウンの一行を厳重に監視するよう命令されていた。SSの監視を受けながら暮らしていた四月三〇日、ラジオがヒトラーの死を報じた。このニュースが起こした最初の目に見える効果は、SSの隊員が一人また一人と姿を消したことであった。カムラーもいなくなった。風の噂では、カムラーはプラハで彼の副官に撃たれて死んだということだった。ヒムラーも同じように行方知れずとなった。

五月二日の朝、フォン・ブラウンは一行を集めて言った。――「私の弟のマグヌスが、今自転車でアメリカ軍と接触するためにティロルのロイテに出かけている。そんなに待つことはないだろう」。マグヌスがシャットヴァルトという町の近くで出くわしたのは、アメリカ第四四歩兵師団第三二四連隊だった。ほどなくロケット技術者の小さなグループが連合軍に確保されたことは言うまでもない。はじめ、ドルンベルガーやフォン・ブラウンを含むこの一行は、オーストリアのロイテの近くの町で諜報機関の尋問を受け、ついでドイツのパイトゥンクに移され、最終的にはガルミッシュ・パルテンキルヒェンで連合軍の専門的な技術者たちから質問を受ける運びとなった。

ガルミッシュ・パルテンキルヒェンで、フォン・ブラウンはこれまでのドイツのロケット開発についてレポートを書くよう命じられ、嬉々としてその責任を果たした。ほどなく配布されたそのレポートでは、A－4の完成までには六万回から六万五〇〇〇回くらいの改良が必要だったことを述べた後、ロケット技術はまだ発展途上であること、さらに努力すれば人工の衛星を実現できるだけでなく、人間を月や火星に送ることもできるだろうことを堂々と論じている。

ペーネミュンデにおけるロケット開発のことは、連合軍では以前から取り沙汰されており、既に一九四五年の初めに、アメリカ陸軍大佐ジャーヴィス・W・トリチェルからワシントンのホルガー・N・トフトイ大佐に対して、ロケット本体を確保し、開発の責任者と接触するための方法について、詳細な検討をするよう命令が下っていた。トフトイはヨーロッパに飛び、彼を補佐するジェームズ・P・ハミル少佐とともに奔走することになった。そして一九四五年春に連合軍がドイツに西から侵入した時、トフトイはトリチェルから、いち早くV－2のある場所を突き止め、約一〇〇機をアメリカに向けて船出させるよう緊急命令を受けた。

ドイツ中を駆け回ってミッテルヴェルクの存在を知る上では、ミルトン・S・ホーホムート中尉、ロバート・B・ステイヴァー少佐、ウィリアム・ブロムリー少佐が大活躍し、ドイツ軍の技術を最大限吸収するためにジェネラル・エレクトリック社から派遣されたリチャード・ポーター、前述のハミル、それに何人かのペーネミュンデから来た技術者の協力も得て、ロケット、ロケット部品、搭載機器、材料部品などを発見するに至った。彼らはそれだけではなく、その膨大な数のハードウェアを数百両の貨物列車に乗せ、戦火のドイツをくぐり抜けてベルギーの港アントワープまで陸路を輸送した。その間、技術関係の設備を占領地域から持ち出すことを禁じたヤルタ協定を遵守する数々のチェックポストの網をかいくぐらなければならなかった。

それはペーネミュンデからのフォン・ブラウンのチームの脱出と並ぶもう一つのスリルに満ちた物語である。この輸送作戦は、ノルトハウゼンの近くで組み立て前のロケットやおびただしい書類が発見されてからわずか九日以内に決行されなければならなかった。ヤルタ協定によってソ連軍の占領部隊がそこに入ってくる約束になっていたからである。時計の歩みと闘いながら、ステイヴァーとホーホムートは、一九四五年五月二二日、アントワープ行きのV-2用貨物列車を手配した。ドイツ経由ベルギー行きの貨物は合計三四一両も準備されたのである。そしてそれらの約一〇〇機のV-2に相当する部品群は、奇跡的にアントワープまで運ばれ、一六隻の貨物船に分載されてはるばると大西洋を渡り、ミシシッピの河口の町ニュー・オーリーンズまで大旅行を敢行した。

ところで、フォン・ブラウンの依頼を受けてデルンテンの町に隠されたペーネミュンデのもっとも貴重な秘密書類の運命は？　これはステイヴァーが現地の技術者たちの協力を得て、隠匿場所を見つけ、地元の人びとに頼んで廃坑へのトンネルを掘ってもらい、車でアメリカの占領地域に運ばれた。その三日後にソ連軍とイギリス軍がデルンテンを占領するというきわどいタイミングだった。歴史上もっとも重要な技術書類の一つが、アメリカ軍によって確保されたのだった。

六月なかばまでに、トフトイのチームはノルトハウゼン、ブライヒェローデ、イルメナウやもっと東の地域にいたペーネミュンデからの人びとを一〇〇〇人くらい確保し、六月一九日に、家族や身のまわり品と一緒に西へ移動するよう命じた。ソ連軍がこの地方に入り始めたのは、実にその翌日だった。これもヤルタ協定の定めたことである。その時間的なきわどさもさることながら、この「戦利品」は、家を失い、疲れ果て、空腹をかかえた数百人の女性と子どもたちを含むものだっただけに、V－2をめぐるハミルたちの大輸送作戦と甲乙つけがたい「狂気の作戦」と言えるだろう。この作戦には、フォン・ブラウン自身が協力している。

彼らが到着したのはエシュヴェーゲとヴィッツェンハウゼンだった。ヴィッツェンハウゼンでフォン・ブラウンは、これらすべてのペーネミュンデの人びとをアメリカに運んでほしいと要求した。ポーターはもっともだと思い、ジープでパリにいるトフトイのもとに談判にでかけたが、結局本国からの指令によって、後にアメリカに渡ることのできたペーネミュンデ・グループの人数は一二七名だった。

一九四四年七月、ソヴィエト最高会議幹部会から決定が出されて、コロリョフは解放され、以前の罪も抹消された。しかしコロリョフはカザンにとどまり、約一年ロケットの研究を続けた。そして一九四五年の晩夏、彼は赤軍の将校に任命され、九月八日、兵器に関する情報を集めるため他のソヴィエトの仲間とともにドイツへ飛んだ。その兵器とは、「宿命のライヴァル」ヴェルナー・フォン・ブラウンの率いるチームが北ドイツの秘密基地ペーネミュンデにおいて開発した史上初のミサイルV－2であった。しかし実はソ連にとってV－2の調査は、この時が初めてではなかった。

一九四四年七月一三日、イギリス首相ウィンストン・チャーチルからソ連軍の最高司令官ヨーシフ・スターリンに宛てて個人的な特別秘密書簡が送られた。チャーチルの書簡によれば、ドイツが新しいロケット兵器を開発し、そのロケットがロンドンに深刻な脅威をもたらすはずだ。だから、イギリスの専門家たちを派遣するから、ペーネミュンデを調査できるよう、秘密基地のすぐ東に接しているポーランド（当時ソ連の攻撃範囲）への立ち入りを許可してほしいというのである。

スターリンは、チャーチル首相の懸念を理解するとして、事態を特に個人的に調査すると約束した。ただちにロケットの専門家グループが派遣され、さらにチャーチルの要求を受け入れる意味で、イギリスはポーランドに招待された。スパイや専門家がポーランドに行き、発射場を主として空から調査し、V－2の破片などからミサイルの威力を推定した。

実験ロケット機用として、硝酸や灯油を燃料とする小さな液体エンジンしか持っていなかったソ連の技術者にとって、アルコールと液体酸素を使い、おそらくは二〇トンくらいの推力を発生するこのエンジンは驚異的だった。このように巨大で強力なロケット・エンジンが戦争のさなかに開発できたことは、信じられないことであった。

第3章　V－2からの出発

ペーネミュンデを占領したソ連は、V－2の調査隊を組織した。その指揮をとったコロリョフは、自分が「罪人」であった空白の時代に、このペーネミュンデでいかに多くの偉業が成し遂げられたかを目撃して愕然とした。そこには自分がシベリアで夢見たロケット技術の構想が、大きく先行して実現されているではないか。長期にわたって拘留されたコロリョフは、軍の資金とチームを得て存分に働き続けたフォン・ブラウンに、圧倒的なリードを許していたと言える。しかしここから、二人のロケット開発の条件は逆転する。社会主義の優位性を誇示するために宇宙を重視し始めたソ連は、三軍がばらばらに宇宙戦略を持とうとしたアメリカに比べて、明らかに開発環境が整っていた。コロリョフは、V－2の成果を徹底的に吸収しながら、アメリカに渡ったフォン・ブラウンをじりじりと追いつめていった。

コロリョフ、ドイツに現れる

ドイツのV－2ミサイルを調査・復元するという使命を帯びたソ連のロケット技術者チェルトークの一行がペーネミュンデの秘密基地に入ったのは、一九四五年四月二三日であった。ソ連側では、この戦後初めてのロシアとドイツの共同事業を「ロケット製造開発研究所（ラーベ研究所：Raketenbau und Entwicklung）」と命名していた。最終的には約一〇〇〇人ほどのスタッフを抱えることになったが、その半分はロシア人、後の半分はドイツ人労働者、そして五〇人から六〇人のペーネミュンデの退役軍人たちであった。それらの退役軍人は、ほとんどが技術者で何人かは上級技術者であり、彼らのなかに、V－2の誘導部門のスペシャリストだったヘルムート・グレットループやジャイロの専門家クルト・マグヌスなどがいた。

ラーベ研究所での仕事は、エネルギー・センター（発電所）であった三階建ての建物で始まった。敗戦後のドイツ技術者たちにとっては、金より食料にありつけるということが最大の魅力だったに違いない。グレットループは、ソ連から五〇〇〇人ものドイツ人技術者グループの統括者に任命された。

ソ連は、ノルトハウゼン近郊の地下のミッテルヴェルク工場に大きな関心を寄せた。この工場は、連合軍がペーネミュンデを爆撃した後、V－2の製造工場が移されたもので、コーンシュタイン山の山中に建設された。外部に通じる三・五キロメートルの坑道も作られており、工場には鉄道列車が直接入れるようにもなっていた。この工場は、一日あたり三〇機から三五機のミサイルを生産する能力を有しており、現在のアメリカやロシアにも、これだけの地対地ミサイルを生産する工場はない。この地下工場において、ナチス親衛隊（SS）のハンス・カムラー将軍のもとで、強制収容所から何千人という労働者が駆り出され、その多くは劣悪な労働環境で死亡した。

ロシア人とドイツ人たちは、クライン・ボドゥンゲンと呼ばれる近隣のV－2修理施設を使用しながらミサイルを組み立てることにした。ここで、ドイツ各地にあったV－2技術の「遺産」が取り込まれていった。そして一九四五年九月八日、ブライヒェローデのチェルトークのもとに、ついにセルゲーイ・コロリョフが姿を見せた。彼はカザンから直接やってきたのである。

その日、コロリョフはブライヒェローデにあるドイツの電気請負業の家まで、オペルを自分で運転してやってきた。赤軍の大佐の制服で飾り立てていた。チェルトークとの会話は、彼の秘書をコロリョフがチラリと見た直後、次のように始まった。

「ソヴィエトの将校がどうしてこんなに美人の秘書を持っているんだね？」

「いやあ、彼女はタイプができるし、速記もできるし、おまけにドイツ語とロシア語の両方を話すことができるんです。今では私たちはドイツ人を雇うことが許されているんですね。元ナチス党員でも雇えますよ。ロシアの戦争捕虜は雇えませんけどね」

コロリョフは収容所に入っていたにしては、とても健康に見えた。彼は目立つ額と生気のある黒い目を持っていた。彼は、まるでX線をかけるようにチェルトークをまっすぐに見た。コロリョフは制服がよく似合い、体全体に活力がみなぎっていた。チェルトークとの面会は短時間であったが、手短かに研究所の活動について説明を受けた後、

――「残念だが研究所の見学をする時間がない。すぐにベルリンへ発たなければならないんでね。また後日きっと会うことになるだろう」

と言って、車にガソリンを入れるようチェルトークに頼んだ。

フォート・ブリスのフォン・ブラウン

コロリョフがブライヒェローデに現れた一九四五年九月のなかば、フォン・ブラウンを含む七人の同僚は、パリの西にあるル・グラン・シェスネにトラックで運ばれた。そして九月一八日にオルリー飛行場から、まずアゾレス諸島へ、ついでニューファウンドランドを経てデラウェア州ウィルミントンの南西にあるニュー・キャッスル陸軍航空基地に到着した。九月二〇日にはボストンへ飛び、そこから船でボストン・ハーバーにあるロング・アイランドに移された。

数週間の後、フォン・ブラウン以外のメンバーはメリーランド州のアバディーン実験場へ移され、ヨーロッパから一足先に着いていた膨大なペーネミュンデからの書類の整理をやらされた。フォン・ブラウンはワシントンに連れていかれた。どうすればドイツ・チームの仕事にアメリカ

の技術者たちを参加させてV－2を効率よく組み上げ、打上げまで持っていけるか、軍の要人と議論するためだった。そこからフォン・ブラウンは、ハミルの監視つきでテキサス州フォート・ブリスに送られた。

一九四五年一一月から翌年二月にかけて、三隻の船が一一八名のペーネミュンデからの技術者をニューヨークへ運んだ。そのうち初めの二隻はアバディーンのチームといったん合流し、三隻目の船がワシントン近くのフォート・ハント経由でフォート・ブリスに着いた後、二隻の船に同乗して到着。さらにしばらく後に合流した二名を加えて、一二七名のドイツのロケットの頭脳が勢揃いし、フォート・ブリスでロケットの新たな歴史が描かれる準備が整った。彼らは当初アメリカと六カ月の契約を結んでいたが、そのほとんどが六カ月でドイツへ帰れるとは思っていなかったそうである。

彼らの家族は、その頃ミュンヘンの西七〇キロメートルにあるランツフートという町に保護され、一九四六年暮れから一九四七年にかけてアメリカに渡るまで、夫や父の給料を支給されながら、集団生活を営んだ。

一九四五年二月、ニューメキシコ州のホワイト・サンズという砂漠に、有名な航空力学の研究者フォン・カルマンの提唱で、ロケット発射場が建設された。アメリカ軍が入手した三〇〇機のV－2は、この年の七月末にホワイト・サンズに運び込まれた。フォート・ブリスはエル・パソ市の北東の端にある陸軍の広大な駐屯地で、ここから北へ約一三〇キロメートル離れてホワイト・サンズがある。

フォート・ブリスの一角のバラックがペーネミュンデ・チームの住居に指定され、仕事場は主としてホワイト・サンズであった。当時アメリカ議会の雰囲気は「戦争が終わったのだから今さらロケットでもないだろう」ということで、フォン・ブラウンのチームに新たなプロジェクトを担わせる大きな予算がつく見込みはなかった。このことへのフォン・ブラウンの怒りと落胆は大きかったようである。

おまけにフォン・ブラウンには、その後長く続くことになる別の苦痛も襲いかかった。第二次大戦後、強制収容所で苦労した人びとやそこで家族を失った人びとを中心に、ナチスを憎む声は絶え間なく起こった。ナチスのトップの幹部たち（ヒトラー、ボルマン、ヒムラー、ゲッベルス、ゲーリング）だけでなく、強制収容所やミッテルヴェルクに特に関係の深かった人びと（カムラー、ザウケル、フェルシュナー、ザヴァツキー、ザウワー）が死んでしまう過程で、攻撃の矢は、それまで一般の人びとから見向きもされなかったフォン・ブラウンに注がれ始めた。

係累を強制収容所や強制労働で失った人びとや自身が死の苦しみをそこで味わった人びとの怒りと悲しみは深い。その憎しみが生きている対象を求めるのも、自然の成り行きかもしれない。フォン・ブラウンは、そうした訴えが寄せられるたびに丁寧に対応した。次に掲げるのは、一九六六年四月二六日付けでフランスの『パリス・マッチ』誌に回答したフォン・ブラウンの長い手紙の一部である。

「ドーラおよびエールリヒ・キャンプ収容者同盟の人びとからのお手紙をお送りいただいて有難うございました。戦時にドイツで強制労働させられたフランスの人びとが、自分たちの苦しみのもとになった技術を戦時に作り上げた人物がフランスの著名な雑誌で高い評価を受けているのを見て、非常な心の痛みを覚えるであろうことを、私は理解できます。しかし、この痛ましい過去の事件における私個人の役割は、貴誌に手紙を書かれた人たちの描かれているものとはきわめて異なるものです」

そしてフォン・ブラウンは、まず収容されていた人びとからは、V－2に関わる複雑な組織や人脈がどのようになっていたかをうかがい知ることは不可能だったはずと述べ、

「彼らの悲しみがわかればわかるほど、その告発が私という誤った対象に向けられていると聞いて、ぞっとしています。彼らがどうして誤って私を非難の対象に選ぶようになったかを、私はしっかりと説明できると思いますが、少なくとも言えることは、そのように誤った人間を告発したからといって、彼らが受けた酷い扱いを消し去ることはできないでしょう」とつづける。

さらにフォン・ブラウンは、アメリカへ渡る前に徹底した取り調べを受け、親戚縁者のナチスとの関係はもちろん、強制収容所の囚われ人たちに苛酷な労働を強いたミッテルヴェルク工場と

ペーネミュンデとの関係をしつこく洗われたことを述べている。そして結局のところ、フォン・ブラウンの説明が連合軍の諮問委員会を満足させ、アメリカという随一の情報活動を誇る国の高い安全保障の基準の壁をクリアし、フォン・ブラウンを含む一〇〇人以上のドイツ人がテキサスに旅立った経緯を克明に記した。フォン・ブラウンは強制収容所で行われている苛酷な実態は把握しておらず、ただ技術上の相談だけを問いかけられ、そのためにだけミッテルヴェルクを数度訪れたのみであった。

そしてフォン・ブラウンは、V－2開発の実態と経過、それが十分ではないがある程度の信頼性に達したとき、強引に大量生産に持ち込まれた経緯、ドーラやエールリヒなどの強制収容所の人びとは、V－2がミッテルヴェルクで生産を開始される以前から、大勢そこへ送り込まれていたことなどを述べている。

現在では歴史家たちの分析によって、もしV－2がなかったならば、戦争の終局になってSSが死に物狂いで多種多様な兵器を生産するために、もっともっと多くの強制収容所を建設していたであろうと推定されている。しかしフォン・ブラウンは、一九七五年頃になっても繰り返されていたこの種の告発には口を閉ざすようになった。親しい友人には次のようなつぶやきを洩らしたという。

「これらの不幸な人びとが苛酷な虐待を受けたことは確かなことです。しかし今私が立ち上がって、あなたたちが責めているのは見当違いの人間ですと議論をするのは、私をもっと惨めにします。そんな議論は、彼らや私たちのどちらの追憶も楽にしてはくれないからです……」

しかしここで話をもとに戻そう。

フォート・ブリスで、ペーネミュンデからの人びとはどんな生活をしていたのだろうか。彼らは、一九五〇年に正式に帰化するまでは、大戦によってアメリカが得た「捕虜」のようなものであった。一応ドイツからやってくる時には契約を結んでいるわけだが、アメリカでは集団生活をさせられ、フォート・ブリスのバラックからエル・パソの繁華街に出ていくことは、週末に一回許されるだけだった。それも人数は四人、陸軍の軍曹の監視つきである。それは、ショッピング、レストランの食事、映画というお決まりのコースに限られていた。

一日の仕事が終わると、バラックとバラックの間の空き地で、バレー、サッカー、ソフトボールなどに興じた。週に一回は駐屯地のプールで泳ぐことも許された。フォン・ブラウンは、常にこれらのスポーツに積極的に参加した。弟のマグヌスはどちらかというと静かに一人で過ごすことを好み、バラックの自分の部屋で本を読むか、アコーディオンを弾くかしていたようである。

ホワイト・サンズ

一九四六年の夏以来、陸軍の軍需局は、フォン・ブラウンのチームをもっと大きな開発計画で活かそうと考え、彼らにずっとアメリカで働いてもらう方向で動き始めた。そのための第一の準備は、バイエルンのランツフートにいる家族を呼び寄せることだった。同年一二月八日に第一陣が到着したのを皮切りに、翌年のなかばには、すべての家族が夫や父の住むフォート・ブリスに合流した。ドイツ・チームの士気は上がった。しかしこの時期のフォン・ブラウンは、厳しい予算不足に悩まされ、憂鬱な毎日を送っていたようである。

ドイツのランツフートで結婚式を挙げたフォン・ブラウンとマリア

そんなおり、フォン・ブラウンの心の危機を救う事件が起きた。一九四七年の二月のある日、いつも明るい顔で姿を見せる朝食と昼食に、フォン・ブラウンが現れない。日課となっている夕方のバレーボールにも出てこない。人びとは訝《いぶか》った。二週間後、幸せいっぱいのフォン・ブラウンが新妻マリアを伴って帰ってきた。彼らは、三月一日、バイエルンのランツフートの教会で結婚式を挙げたのだった。マリアははじめからその若々しい美しさと優雅さで人びとを魅了した。そしてきわめて品よくファースト・レディーの役割を果たした。二人は親戚だった。ヴェルナー・フォン・クヴィストループ博士という同じ祖父を持ち、フォン・ブラウンは一七歳の時、彼女の洗礼の際に赤ちゃんのマリアを抱っこしたことがあるという。フォン・ブラウンはしばしばその話に触れ、「その時、私は彼女の目を覗き込んで、この子と結婚すると決心したんだ」と笑ったそうである。マリアはただ微笑みながら、肯定も否定もしなかったという。

一九四七年のなかば頃には、行動の制限も随分と緩和されてきた。子どもたちは公立の学校に入ってもいいことになったし、大人たちも車の免許をとって車を買い、休日にはコロラド、イエローストーン、アリゾナ、カリフォルニアなどに出かけてもいいことになった。彼らはこの自由を大いに謳歌し、アメリカの広大な大地を嬉々として走り回った。

それにしても、この「大戦の落し子たち」の身分をどう扱うかは、アメリカ政府にとって頭の痛い問題だった。しかし米ソの緊張関係がますます厳しいものになっていく過程で、一九四八年初めに陸軍は、ドイツ人たちにアメリカ市民権をとらせることを決心し、具体的な手続きを工夫する動きを開始した。結局採用された方法というのは、奇妙なものだった。一九四九年の暮れから翌年春までに、ほとんどのドイツ人がおかしな儀式を繰り返させられた。まず、リオ・グランデ橋を渡ってメキシコのアメリカ領事館に行き、移民のヴィザをもらい、きびすを返してもう一度リオ・グランデ橋を渡る。そしてそこに控えるアメリカの税関職員に「どこから来ましたか?」と聞かれ、もらったばかりのヴィザを見せながら、機械的に「メキシコから来ました」と答える。税関職員が陸軍の守備隊に「この人は合法的にアメリカに入国しましたと述べると、

ホワイト・サンズでのフォン・ブラウンのチーム 1946年。前列向かって右から六番目でポケットに手を入れているのがフォン・ブラウン

すべての手続きが終わった。

一九四六年二月にフォート・ブリスに勢揃いしたフォン・ブラウンのチームは、三月一五日には地上燃焼テスト、四月一六日には初打上げという順調な滑り出しを見せた。この時は到達高度がわずか六キロメートルという結果に終わったが、つづく五回の打上げは完璧な成功を収めた。

「私から数百フィートのところで、ロケットが発射台の上に屹立していた。朝の陽光を浴びながら、白くぎらぎら光を放ち、雲一つない青い空に向かって、ロケットは立っていた。すべての準備を終えて、V－2は今や頭上の高いスカイブルーへ、咆哮しつつ上昇する瞬間を待っていた。……」

これは一九四六年春、ホーマー・E・ニューウェル博士が、初めてV－2の打上げを見た時の印象記である。ニューウェルはワシントンの海軍研究所の若い科学者で、後にNASA（アメリカ航空宇宙局）の副長官、ついでチーフ・サイエンティストになった人である。

ニューウェルがホワイト・サンズで目撃したV－2の打上げは、ドイツでその最後のテスト発射が行われてから、わずか一年ちょっとの出来事だった。

一九四六年四月から一九五二年九月までの間に、七〇機のV－2がアメリカで打ち上げられた。そのうち六七機がホワイト・サンズ、二機がフロリダ、もう一機は空母ミッドウェーからの発射だった。粗末な設備・施設、不慣れな作業、劣悪な環境にもかかわらずV－2の打上げは概して良好で、七〇機のうち、点火直後に失敗したのが三機、到達高度が四～一〇〇キロメートルだったものが二〇機、他の四七機は一〇〇～二一三キロメートルの高度を記録した。ほとんどが科学観測機器を搭載し、誘導制御のテストに使われたものもあったことは言うまでもない。

ホワイト・サンズのV－2が上層大気に運んだ科学機器は二二三種類にも及び、宇宙線、太陽、電離層、温度分布、気圧、大気組成などを観測・測定した。地球の写真撮影、生物実験、磁場測定なども試みられた。

ドイツ人技術者、モスクワへ連行

フォン・ブラウンがフォート・ブリスで慣れないアメリカでの生活にもがいていた一九四六年

五月、コロリョフは妻や娘とドイツで合流し、八月まで一緒に暮らした。娘のナターシャが後に語ったところでは、「ドイツでは、父との楽しい思い出がたくさんあります。父はオペルに私たちを乗せて、あちこち面白いところに連れて行ってくれました」。

家族との楽しい話があまり語られないコロリョフの、ほっとするようなエピソードである。この後、彼はドイツ人の科学者たちとの交流や数々の技術的な問題に忙殺された。

一九四六年の秋までに、ヘルムート・グレットループを頭とするドイツ人グループは、ソヴィエト側が指示したことはすべて達成していた。もうじきこれで厄介な仕事から解放されるかと思っていた形跡がある。

その一〇月、ガイズーコフ将軍率いるソ連軍の代表団がドイツのロケット製造工場を視察するために来た。ガイズーコフ将軍は、すべての作業の説明を聞いた後、いささか大げさな身振りで言った。

——「あなた方の勤勉な仕事ぶりに大きな感銘を受けました。私は今晩みなさんを夕食にご招待したいと思います」

そこの大ホールには大きなテーブルが置かれていた。すべてがにぎやかで、豪華な食事が振舞われた。一九四六年の秋といえば、ドイツにはなにも食べるものがなかった頃である。ところがそこに並んでいたのは、今まで見たこともなかったような食事で、果物はたくさんあり、飲み物は上等なウォッカが揃えられていた。

真夜中のすこし前にパーティは終わり、いい気分になったドイツ人たちを、それぞれソ連軍の将校が車で送ってくれた。ところが彼らは三時間後に、一人残らず、同じソ連の将校たちによってたたき起こされたのである。

グレットループ夫人は後になって語っている。

――「私は寝ていましたが、午前三時頃に電話で起こされました。誰かが『ロシア人が玄関に来ている。我々は連行される』と言いました。私は冗談かなにかだと思いました。そして、その夜私たちは大急ぎで連れ去られました」

驚天動地の事態となった。実に五〇〇〇人ものドイツ人技術者たちが、その家族と一緒に、列車やトラックに分乗してモスクワ郊外まで運ばれるはめになったのである。

強制連行にもかかわらず、ドイツ人たちは、到着した時は丁重に扱われた。ソ連には、戦後の耐乏生活を依然として強いられている高級技術者たちが少なからずいた。ドイツから連行されたトップの人たちには、彼らと同じような地位のソ連の人たちよりも、モスクワ郊外でずっと広い住居を与えられ、二倍から三倍の給料が支払われ、ずっといい食料が与えられた。グレットループ夫人は、彼らが、明らかに苦労しているロシア人の隣人よりずっといい物を食べて快適に暮らしているのを恥ずかしいと思ったと記憶している。

しかし、ドイツ人の下級技師などは待遇があまりよくなかった。もっとも、彼らにも食料だけは十分に与えられ、当初は、ポドリープキ近郊の村落にある木造の小さな家が与えられていた。ポドリープキは、現在ではモスクワ・ヤロスラーブリという、高速道路でモスクワから北東に車で約四〇分のところにある。二〇世紀の初め頃、このあたりはロシアにやってきた外国の滞在者たちのお気に入りの場所で、一九一四年には三五軒もの別荘が建てられ、ポドリープキ駅という列車の停車場が作られた。一九一八年にカリーニンという人物の大砲の工場がサンクトペテルブルクから移ってきてにぎわいをみせ、一九三八年にカリーニングラードという市となった。

ほとんどのロケット専門家は、このNII－88（科学研究所88）に集められた。この研究所は、戦後ソ連のミサイル開発を推進するために、ドイツ人たちがロシアに来る五カ月も前の一九四六年五月三日に、スターリン自身によって署名され、このカリーニングラードに設立されたものである。NII－88は三つの支所を持っていた。それらのうち、一つは実験工場、二番目は材料、航空力学、エンジン、燃料、コントロール、テレメトリーなどの専門分野を対象とした部門、そして、三番目は、各種のミサイル・デザイン部門を持つ有名な特別設計局だった。

NII－88では一五〇名あまりのドイツ人が働いていた。そのうち一七人のみが実際にペーネミュンデで仕事をした人たちだった。彼らがモスクワ西方のゼーリガー湖に浮かぶゴロドムリヤ島に移った時には、その家族も含め五〇〇人近くとなった。ゴロドムリヤ島は、NII－88の支所としての作業所となり、その場所は鉄条網で囲われ、鉄砲を持った女性兵士によって警備されていた。

まずはV-2のコピーからだ

一九四八年五月以降、連行されたすべてのドイツ人がゴロドムリヤに集められた。彼らの最初の仕事はV-2の組立ラインを再現するのをサポートすることだった。ノルトハウゼンから三〇機分の部品がNII-88の大きな建物に運び込まれたが、完全に組み立てられたのは半分だった。残りの一五機は、主要部品しかなかったからである。そしてまず、V-2の完全なコピーである「R-1」ミサイルを完成する作業が始まった。

ドイツのロケットのコピーを作りながら、それをマスターするという方針は、スターリン自身が指示したものだった。コロリョフは主任設計技師にされ、彼自身のコンセプトではなく、まさにV-2のレプリカとも言うべきR-1をテストするよう命令されたことを苦々しく思っていたらしい。というのは、コロリョフは、ロシアのトップ・デザイナーたちのグループが、より長距離で、より信頼性の高いロケットを作り出すことができると確信していたからである。スターリンは、コロリョフとのプライベートなブリーフィングで、そのような言葉を聞いたらしい。しかしその反応は「まず、我々はR-1の作業を完了しなければならない」だったという。

一九四七年の夏、ドイツ人のグループのうち六〜七人の同僚が突然いなくなった。仲間は彼らが再度どこかへ連行されたのではないかと非常に心配したが、やがて判明した彼らの行き先は、ロシア南部アストラハン地域のカプースチン・ヤールであった。

この一見生きものの気配のなさそうな大草原には、ほこりで白くなったセージの茂みがあり、アカシアの木やトウダイグサが散在していた。水はほとんどなく、熱気を帯びた風がほこりを舞い上げ、丸まった枯れ草を吹き飛ばしていた。テスト・スタンドは、ロケットの部品を運んできた特別列車に非常に近いところにあり、飛行場も近くにあった。組立とテストが行われる木造のバラックは寒くて、風がそのなかを吹き抜けていた。

やっとV-2が発射場に引き出されたのはいいが、点火装置が何度やっても作動しなかった。リレースウィッチが一つ故障したり、それが直るとまた別のリレースウィッチが故障したりした。最初の発射は、一〇月一八日に行われた。二回目は一〇月二〇日だった。いずれもミサイルは大きく左に逸れていき、三回目で打上げは成功した。

ロシア人部隊の最高責任者であるウスチーノフは、すべてのドイツ人専門家と彼らのアシスタントに、それぞれ一万五〇〇〇ルーブルという大きなボーナスと上等なウォッカ一瓶を与えるよう命令した。発射の成功が友好的に祝されたのである。コロリョフも大喜びで満面に笑みをたたえていた。

これ以後、ソ連は自分の力でミサイルを建造する努力を開始することになる。その最初の果実が「R－1」ミサイルであった。

ソ連におけるA－4のコピーであるR－1ロケット
カプースチン・ヤールにて

ロシア人自身の手になるミサイル「R－1」が最初にカプースチン・ヤール基地から発射されたのは一九四八年九月七日だったが、これは制御装置が故障した。初めて飛翔に成功したのは一〇月一〇日だった。カプースチン・ヤールに持ち込まれた一二機のR－1のうち九機が発射され、七機が目標に達した。こうしてソ連のミサイル開発は滑り出した。

コロリョフがR－2の仕事を始めた頃、ドイツ人グループには、ペーネミュンデ時代の地対空ミサイル計画の復元が命令された。「シュメッターリンク（バタフライ）」と「ヴァッサーファル（ウォーターフォール）」である。しかしこの二つのミサイル・プロジェクトは、ミサイル自体を製造するということではなく、ミサイルを技術的に理解することを目的としていたようである。

一九五〇年以後は、ドイツ人たちの長距離ミサイル開発の仕事は兵器省によってストップされる。そして、ドイツ人たちの帰還の時がやってきた。最初のグループは一九五二年一月二〇日に出発、二番目のグループは六月。翌一九五三年一一月にはグレットループとその家族を含む二四家族もの大きなグループが本国に帰った。クルト・マグヌスを含む最後に残っていた小さいグループが本国に帰ったのは一九五四年のことだった。

悲惨な祖国、離婚、再婚

ドイツからの技術者たちがゴロドムリヤ島でV－2の復元作業をやらされている頃、ソ連邦という巨大な国家全体が悲惨な状況にあった。大祖国戦争（第二次世界大戦）で二〇〇〇万人以上の死者を出し、スターリンの大戦前の粛清によってそのもっとも優秀な国民を含む莫大な数の人たちも亡くした。第二次世界大戦中に兵器製造工場となっていたNII－88も惨めな状態であった。設計者には作業机もなく、装置などの箱で代用された。製造工場の建物は荒れ果て、屋根は雨漏りがし、雨が降ると工場の床に水たまりができた。暖房もはたらかず、外より工場のなかの方が寒かった。

戦後のソ連ではどこでもそうであったように、食料も極端に不足していた。雌牛を一頭または山羊を三頭以上もっている者にはパンは支給されなかった。労働者の間では病気もはやっていた。より大きな医療施設も緊急に必要だった。

こうした人びとを率いるコロリョフは、技術の開発に要した労力と同じぐらい、労働者の福祉に対処することに時間を取られた。人びとはさまざまな要求を持って彼に会いにきた。毎週木曜日が面会をする日で、彼は全員に会った。午前中から訪問者に会い、そして、最後の訪問者との面会が終わるまでいた。訪問者の数は一日平均三〇人から三五人だった。セルゲーイは困っている人をいつも助けた。彼は彼らのために医薬品を取り寄せたり、住宅の斡旋などをした。

そのような不安定な状態で新しいロケット技術を開発しようとする試練は、コロリョフ自身の個人的な出来事によってさらに困難をきわめた。コロリョフの妻キセーニヤは前々から医学の道に専念したいという強い希望を持っており、そのため非常な困難を迎えているセルゲーイと別居せざるを得なかった。キセーニヤはモスクワに住み、セルゲーイは職場のあるポドリープキにアパートを借りて住んでいた。その同じアパートに、セルゲーイの英語通訳であるニーナ・イヴァーノヴナ・コチェンコーヴァも住んでおり、セルゲーイは、自分より一三歳若いこの美しい未亡人に恋をした。当時セルゲーイは、アメリカのロケットに関する情報を熱心に探っていたのである。

キセーニヤは彼らの関係に激怒した。キセーニヤとセルゲーイの離婚が成立したのは、一九四八年であった。翌年、セルゲーイはニーナと結婚する。

キセーニヤとセルゲーイの娘ナターシャは、彼らが別居した時まだ一二歳だったが、父の不倫を知っていた。後年、次のように語っている。
――「それは私たちの家族にとっては悲劇でした。なぜなら私の母は父を愛していたからです。その後私は父とはそんなに会いませんでした。会うのはいつも父の母の家か、あるいは、モスクワの西七キロのところにある彼女の別荘でした」

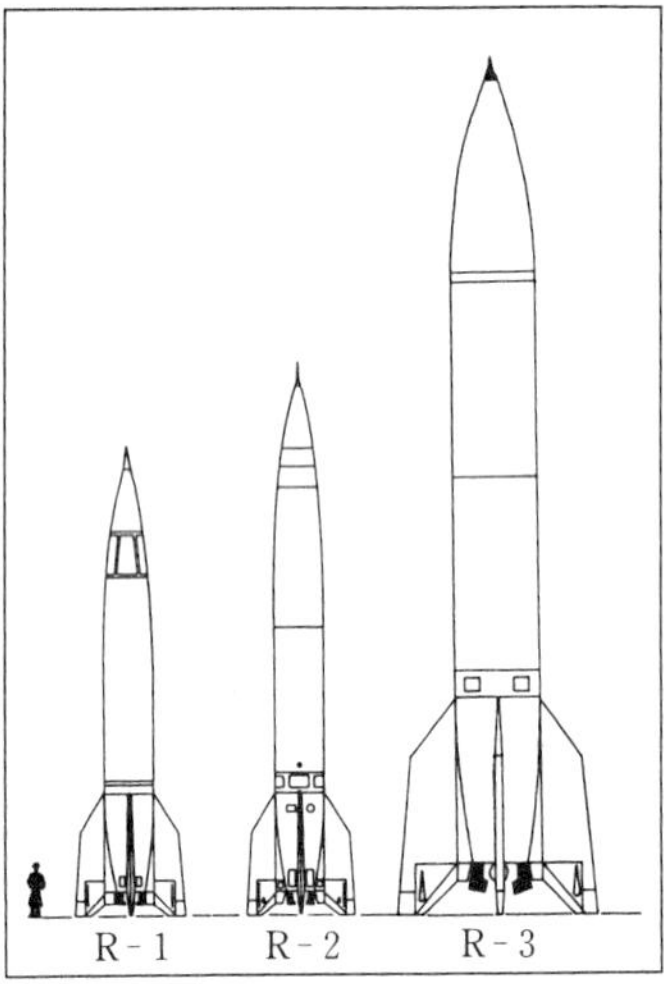

R－1、R－2、R－3の比較

セルゲーイ・コロリョフの弾道ミサイルのアイディアは、彼がカザンで刑務所に入れられている一九四〇年代に考えられていたものである。もっとも、当時彼は、液体燃料よりも固体燃料に傾いていた。V－2の成果に接したことが、彼の考えを大きく変え、以後コロリョフは液体燃料の研究に専念することになる。コロリョフははじめR－1からR－3までの構想を立て、三〇〇〇キロメートルの射程距離を持つ七五トンのR－3ミサイルでヨーロッパ全土を攻撃対象にできることを目標とした。

R－1、R－1A、R－2の開発は同時並行で進められた。R－1は単純にドイツのV－2の複製だった。R－1Aは同じミサイルだったが、取り外し可能な弾頭というコロリョフのコンセプトをテストしたものであり、これがR－2開発の基礎となった。

R－2は全備二〇トンで、六〇〇キロメートル飛ぶように設計された。このロケットは、ミサイルの外皮自体を燃料タンクに利用しており、またR－1ロケットに使われたRD－100エンジン（推力二八トン）ではなく、グルーシュコの設計したRD－101エンジン（推力三五トン）を使った。R－2は一九五〇年一〇月二六日、カプースチン・ヤールから発射され、ずばり六〇〇キロメートルを飛んで一九五一年に赤軍に配備された。

これより先、一九四九年七月、ソ連最初の原爆実験の一カ月前、その原爆が実用になった時点で、その爆弾を運ぶロケットをどうするかについて話し合う会議が行われた。この会議に出席したのは、コロリョフ、ソ連の原爆開発の第一人者であるイゴール・クルチャトフらであった。コロリョフはR－3を最適の輸送体として提案し、六カ月後にその詳細設計を完成させたのである。

このロケットは、一二〇トンの推力を持つRD－110というグルーシュコの新しいエンジンを装備するはずだった。一九五〇年四月、コロリョフは、NII－88に設置されたOKB－1（第一設計局）の責任者に任命されたが、肝腎のグルーシュコのエンジンが目標の比推力（毎秒一キログラムの燃料が燃やされた時に何キログラムの推力が生み出されるか）である二八五秒を達成できず、R－3プロジェクトは一九五二年のうちに中止された。にもかかわらず、この過程で大きな技術的進歩をかちとったOKB－1のチームは、射程距離一二〇〇キロメートルをめざして、新たなプロジェクトR－5に進んだのである。

名機レッドストーン

コロリョフが意気揚々とR－1からR－3までのチャレンジをしていた一九四〇年代の末、悶々と暮らすフォン・ブラウンのチームに一つの転機が訪れようとしていた。

フォン・ブラウンのチームをアメリカに連行するに際して指揮をとったトフトイ大佐は、八〇〇キロメートルから一六〇〇キロメートルくらいの射程を持つミサイルをフォン・ブラウンたちに開発させようと考えていた。しかし陸軍首脳の考えは少し控えめで、小さな巡航ミサイル「ヘルメスII」をV－2で運ぶ研究をフォート・ブリスに課すにとどまった。

他方で、アメリカの宇宙企業各社は、そろって長距離の弾道ミサイルや巡航ミサイルのプロジェクトを立ち上げていた。フォン・ブラウンはと言えば、陸軍軍需局に対し、大型多目的のブースター・ロケットの開発を進言している。彼は、長距離爆撃機よりも長射程の誘導ミサイルの方がはるかに空を制するのに有利であることを説き、V－2／ワック・コーポラルやV－2／ヴァイキングなどを上段に装備することによって、この大型ブースターが衛星を軌道に運ぶことができる可能性のあることを示唆している。

現在の時点で振り返ってみると、一九四八年のフォン・ブラウンの提案が受け入れられていれば、最初のアメリカの衛星が一九五五年か一九五六年に打ち上げられていただろうと思われる。フォン・ブラウンは、同時に宇宙ステーションの構想も描きあげた。しかし事態はそのようには進まなかった。大型ブースターも宇宙ステーションも日程には上らず、朝鮮戦争の足音が近づくにつれて、陸軍はトフトイ大佐の八〇〇キロメートル射程の地対地ミサイルを戦略兵器として開発する決心を固め、その任務の責任をフォン・ブラウンに命じた。それは彼がアメリカに来て初めて与えられた開発プロジェクトであった。

八〇〇キロメートル弾道ミサイル、後に「レッドストーン」と呼ばれることになるこのロケットの開発のために、フォン・ブラウンのチームは、一九五〇年夏、慣れ親しんだフォート・ブリスを離れてアラバマ州北部の町ハンツヴィルに移されることになった。

ハンツヴィル郊外にひろがるハンツヴィル軍需工場は、隣の幾分小さなレッドストーン軍需工場とともに、大戦中は化学兵器の生産が行われていた場所である。両方を合わせて一六〇平方キロメートルくらいの広さで、荒れ果ててはいたが、道路や列車の便はよく、テネシーの水路への小さな港もあり、飛行場まで完備していた。ここに一九五〇年の春から夏にかけて、テキサスの匂いをプンプンさせてミサイルの開発チームが移ってきた。

ペーネミュンデのチームにとっては、ここでの生活は新しい人生の幕開けだった。それはやっと新しいロケット開発計画を実行できるという喜びもあったが、ここは彼らが夢にまで見た「風と共に去りぬ」の世界であり、フォート・ブリスとは違って、家と家の間にフェンスもなく、行動はまったく自由で、子どもたちは近所の子どもたちと同じ学校に通い、すぐに（父や母とは違って）アメリカ人の英語を話すようになっていったからである。

一九五五年四月一五日付けで、フォン・ブラウンとその四〇人のペーネミュンデからの同僚たちは、完全なアメリカ市民であることを認められ、一二〇〇人のハンツヴィル市民の出席によって、盛大な祝賀会が催された。

一九四九年にソ連が最初の原爆実験に成功したことと、翌年に朝鮮戦争が勃発したことが、フォン・ブラウン・チームに課せられた大型ミサイルの仕事にカツを入れた。一九五〇年七月、陸軍軍需局はレッドストーン軍需工場に移ったチームに対して、射程数百キロメートルの誘導ミサイル開発のプランを具体的に立案することを命じた。そのミサイルが「レッドストーン」と命名されたのは、完成間近の一九五二年四月だった。

レッドストーンはV−2と同様に移動式の発射台から打てるように設計されたが、他にもいくつかの革新が図られた。機体を一体構造にし、スティールのカバーを使わないアルミニウム溶接の推進剤タンクだけで構成した。弾頭と誘導システムを入れたノーズコーンは、燃焼終了後に分離することにした。射程は三二〇キロメートル、弾頭の重さは当初二九五〇キログラムを目標にしたが、小さな核弾頭が使えるようになったので、その後もっと軽い設計目標に切り替えられた。

レッドストーン計画が進むにつれて、一つの深刻な問題が起きてきた。予算の不足である。実験機器や工具を買いあさっていけば、メーカーに注文するよりは安上がりになることがわかったので、ロケットダイン社から買い入れるロケット・モーター以外は自力で作り上げることにした。建物の建設作業まで技術者たちが関わった。彼らは、前に工場の病院だった建物を誘導制御棟に様変わりさせたし、レッドストーン・ロケットの最初の地上燃焼試験が近づいた時には、試験主任のカール・ハイムブルクと試験班のみんなが協力し、スクラップ・ヤードからくず鉄を集めてきてテスト・タワーを作り上げた。古いタンク車を三台調達し、ドアやのぞき窓を切り取って砂や土で覆い、制御機器を詰め込んで、地上燃焼試験のテスト・スタンドを一〇〇〇ドル以下で完成させた。今日、このテスト・スタンドはハンツヴィル・レッドストーン軍需工場の敷地の輝かしい記

フロリダ、ケープ・カナヴェラルからのレッドストーンの打上げ

念物として、大切に保存されている。フォン・ブラウンのチームの不屈の精神の記念碑である。

結局レッドストーン工場では一六機が作られた。計画で予定された残りの二〇機の製造は、クライスラー社に委ねられた。レッドストーンの最初のテスト打上げは一九五三年八月二〇日のことで、ソ連最初の水爆実験の一週間後だった。この打上げは発射直後に失敗に終わり、2号機も失敗、数週間後の3号機でやっと成功、その後多くのテスト発射が成功を収めた。

レッドストーンの誘導制御はジャイロを使った完全な慣性誘導で、ロケットと地上の間には電波のリンクはなかった。自分自身で現在位置と速度を判断して目標に勝手に飛んでいくシステムである。その発想と部分的なテストはペーネミュンデで生まれたが、フォート・ブリスでさらに理論的に深められ、レッドストーン軍需工場でやっと花開いたのだ。

陸軍と空軍の確執

長距離作戦については一日の長があっただけあって、最初に長距離のミサイルに現実に手を付けたのは空軍だった。既に戦前からロケットのV-2型ではなく、翼つき・ジェット推進のV-1型の開発に手を染めていた空軍は、JBというシリーズを次々に開発し、一九四六年三月にキャンセルした。最後のJB-10は改良型のV-1パルスジェットで推進するもので、十数機が作られ、数機が飛行に成功した。

その後空軍が熱心に取り組んだのは、やはり翼のついた空気中を飛ぶ巡航ミサイルであった。スナーク、マタドールと進んで、最後にナヴァホという大計画が進められた。空軍のロケット関係者は、重くて扱いにくい核爆弾を八〇〇〇キロメートルないし一万一〇〇〇キロメートルも運べるような大きなロケットを開発することは、巡航ミサイルに比べてコストも多くかかるし、気が進まなかった。そこで一九五〇年代なかばに至るまでは巡航ミサイルに集中し、AEC（原子力委員会）がもっと軽量小型の核爆弾を開発するのを待ってから、それに見合ったロケットを開発することにしたのである。それはレッドストーンが最初のテスト・フライトにこぎ着けた頃であり、開発が始められたのは、大陸をまたぐICBM（大陸間弾道弾）アトラスであった。後にはタイタンとミニットマン、それに中距離弾道ミサイル「ソア」もプロジェクトに加えられた。

一方、ソ連は異なった考え方をした。彼らは、戦後の防衛の基本がロケットにあると信じ、当時の重い核爆弾に合わせた大型のロケットを開発の目標に据えたのである。そしてこれが、アメリカがその後長期にわたってソ連にリードを許す原因となった。

さて、陸軍もレッドストーンより射程の長い、一一〇〇キログラム級の弾頭を二四〇〇キロメートルくらい運べるミサイルを開発したいと考えており、フォン・ブラウンは、より発展型の設計にもとづくロケットダイン社のエンジンを使ったロケットを提案した。後に「ジュピター」と呼ばれるロケットである。このロケットダイン社のエンジンはアトラスにも使われ、さらに改良されて、ソア、サターンI、サターンIBにも使われた。ケロシンと液体酸素を推進剤とし、制御を操舵翼ではなく、可動ノズルで行った。

射程を数百キロメートルから二五〇〇キロメートルまで延ばすには、地球大気に再突入する時に弾頭の表面が受ける空力加熱の問題を解決する必要があった。フォン・ブラウンは陸軍の長射程のロケット開発が議論の俎上に上り始めた一九五二年頃から、この再突入の際の空力加熱に取り組んでおり、特に詳しく検討したのは、ヒートシンクによる方法とアブレーションによる方法だった。ヒートシンクは、たとえば銅のように熱伝導率の高い物質の厚い層で弾頭を包むもので、大きな熱容量によって内部を防ぐものである。一方アブレーションとは、熱伝導率が低く融点が高い物質(アブレーション材)の薄い層で包み、入ってくる熱で溶けつつも、内部まで熱が届かないように、身を挺して内部を守るものである。

空軍はヒートシンクを採用してテストを始め、フォン・ブラウンはアブレーションを選んだ。この種の材料を実機でテストするためには、材料を大気圏外に運んでくれるもっと強力なロケットが必要である。フォン・ブラウンは、レッドストーンの上に二、三段として「ロウキー」と呼ばれる固体燃料ロケットを装備した「ジュピターC」を提案した。そのテスト・フライトは一九五六年八月八日に行われ、一九二〇キロメートルを飛んで回収された。アブレーションは有効に働いていた。ジュピター計画は順風満帆で、フォン・ブラウンが提案していたジュピターCによる小さな衛星打上げは間近だと思われた。

これより三年前、陸軍のジュピター計画がレッドストーン軍需工場の開発として認可された後、国防長官チャールズ・E・ウィルソンは、設計も大きさも性能もジュピターと酷似しているミサイル「ソア」の開発を空軍に許可した。ただし、ジュピターが移動発射台からでも打てるのに対し、ソアは固定発射台からしか打てない設計だった。議会や国民から、この奇妙な並行開発を糾弾されながらも、ウィルソンは頑として方針を貫いた。そしてこれが、一九五〇年代のアメリカのロケット開発に暗い影を投げかけることになったのである。

一九五三年三月一五日、カプースチン・ヤールから、ソ連が設計した最初の戦略的ミサイルR-5が、一二〇〇キロメートルを飛んだ。このロケットは重量が三〇トンあり、四四トンの推力を持つグルーシュコの新しいエンジンRD-103を使った。

コロリョフはR-5に続くミサイルR-7で、フォン・ブラウンはジュピターCで、めざしていることがあった。

人工の星を、地球周回軌道に送る。

その動きは既に一九五〇年代の初めから、曲折を経ながらも粘り強く準備されていたのである。

第4章　人工の星をめざして

一九四五年にアメリカ大陸に足を踏み入れたフォン・ブラウンの胸は、熱い思いに満たされていた。それはこの第一歩が、初めての衛星打上げへの一歩となるかもしれないという思いであった。一四歳でヘルマン・オーベルトの本を読んだ時から、人工衛星はフォン・ブラウンの心のなかで、常に地球を回り続けていた。

その一九四五年のクリスマスにおけるスピーチで、フォン・ブラウンはフォート・ブリスの仲間たちに、V－2を強力にしたロケットによって人工衛星、月着陸、火星探査を行うという、情熱に満ちた、しかも技術的には納得のいくストーリーを語っている。

同じ年、V－2の調査のためドイツを初めて訪れたコロリョフも、その後緊密な付き合いをすることになるドイツ人、クルト・マグヌスに、「もし、射程距離をだんだんと大きくすれば、最終的には、地球の軌道を回り続ける人工衛星を作ることができる」と熱っぽく語ったそうである。

人間の作った星が地球を回る日が確実に近づいていた。

オービター計画の誕生

一九五一年一〇月、ソ連の著名な科学者M・K・チホヌラーヴォフが、ソ連は人工衛星打上げ計画を持っていることを表明し、その二年後の一九五三年一一月には、ソ連科学アカデミーのA・N・ネスメヤーノフが、ウィーンで開かれた世界平和会議の席で、ソ連の衛星打上げは現実的な可能性を帯びてきていると語った。

一方、アメリカでは、フォン・ブラウンをはじめとするさまざまな衛星計画が提出されていた一九五三年末、海軍研究局のジョージ・W・フーヴァー中佐と国際宇宙航行連盟（IAF）会長のフレドリック・C・デュランIII世が、衛星計画を実行に移すべきであると感じて、動きを開始した。

デュランの主導で歴史的な会議が開かれたのは、一九五四年の二月、場所は海軍研究局だった。出席者はデュランとフーヴァーの他に、フォン・ブラウン、ハーヴァード大学の天文学部長フレッド・L・ホイップル、メリーランド大学の物理学者S・フレッド・シンガー、エアロジェット・ジェネラル・コーポレーションのデイヴィッド・ヤング、海軍研究局の大気部門のチーフ・エンジニアであるアレクサンダー・サティン、それにハンツヴィルでのフォン・ブラウンの同僚数人だった。

フォン・ブラウンはこの会議の席で、レッドストーンの上に三段式の固体燃料ロケットを装備して打上げに使うことを提案した。固体燃料ロケットとしては、ドイツが大戦中に作った対空ロケット「タイフーン」を改良した「ロッキー」が示唆された。ロッキーはJPL（ジェット推進研究所）が開発し、既に大量に製作されていた。シンガーは既に一九五三年にMOUSE（最小地球周回無人衛星）と名づけた衛星計画を発表していたが、その衛星を打ち上げるロケットが影も形もない段階だったので、フォン・ブラウンの提案に快く賛成した。

会議がはねてから全員がワシントン・Kストリート一六番地のスタットラー・ホテルに落ち着き、ホテルの一室に集まった。デュラン、フォン・ブラウン、エルンスト・シュトゥーリンガー、ゲルハルト・ヘラー等々が、ベッドやら椅子やらに乱雑に座って、フォン・ブラウンの提案にもとづく場合、いつ頃衛星を打ち上げられるかを議論し始めた。結論は一九五六年の秋から一九五七年の秋までのどこかだろうということになった。

海軍研究局首脳は、陸軍と協力してその研究を続行することを許可し、准将に昇進していたトフトイの協力もあって、一九五四年八月、ハンツヴィルで合同会議が開催され、「オービター計画」が誕生した。フーヴァーが計画主任に選ばれた。海軍が衛星の設計と追跡を担当し、陸軍がレッドストーンと上段の小さなロケットを受け持つ。打上げは赤道近くの島から一九五六年に行うというものであった。

一九五四年末には、フォン・ブラウンのチームはレッドストーンをブースターにした再突入ノーズコーンのテスト(ジュピターC)準備が整っていた。フォン・ブラウンは、この年の一二月付けで、このロケットで一九五六年の夏に六・八キログラムの衛星を打ち上げることが可能であるとのレポートをJPLに送っている。

その間に海軍研究局でも、ミルトン・W・ローゼンのもとで、もう一つの衛星打上げロケットの計画「ヴァンガード」が進められていた。それはそれまでに海軍が開発していたヴァイキング・ロケットを第一段に使い、エアロビー・ロケットを改良したエアロビー・ハイを第二段に、第三段には新開発の固体燃料ロケットを使おうというもので、非常に興味ある設計であったが、多くの改良点を含み、しかも新規に開発する要素が多過ぎるのが難点だった。しかしローゼンは、一九五六年夏までに開発を終え、一八キログラムの衛星を軌道に送ると言明した。

それだけではなかった。空軍も衛星計画を保有していると発表し、それはまだ未開発のアトラス・ロケットを使うということであった。

こうして三軍が衛星計画に意欲を持っていることが判明した機会をとらえて、一九五五年初めにオービター計画のメンバーは国防総省に対し、計画を説明するチャンスを与えて欲しい旨の訴えを行った。国防総省では、この訴えを受け取ったが、みずから判断することはせず、新しい委員会を作り、委員長にカリフォルニア工科大学の教授ホーマー・ジョー・スチュアートを任命した。競合するいくつかの衛星計画のどれが最良かの判断を、この委員会に委ねたのであった。

こうしたばらばらな取り組みを背景に、一九五五年七月二九日、ホワイトハウスは一九五七年から一九五八年にかけてのＩＧＹ（国際地球観測年）に、人工衛星を打ち上げると発表した。同年八月、スチュアート委員会の九人のメンバーが、三軍の衛星計画のどれをＩＧＹに打ち上げるのが適当かの投票を行った。六人がヴァンガードを支持し、スチュアートを含む三人がレッドストーンに入れた。この投票を受けて国防長官は陸軍に対し、衛星についての作業をすべて中止し、ミサイルの開発に専念せよと命令を発した。

秘策とリーダーシップ

このニュースがハンツヴィルに届いた時、人びとの落胆は目を覆わんばかりであった。フォン・ブラウンが会議を招集し、やがて彼が人びとの前に現れた時、みんなは目を疑った。フォン・ブラウンはいつもと変わらぬ笑顔で部屋に入ってきたのである。

――「我々の衛星計画にストップがかけられました。しかし我々には再突入のテストのためのロケットという任務があります。すぐに仕事にかかりましょう。一九五三年以来準備してきたジュピター・ノーズコーンのために上段ロケットも作らなければなりません。予定どおり、来年にジュピターCを打ち上げます。言うまでもなく、これはジュピター・ミサイルのための作業です。しかし我々に声がかかれば……もちろん私は必ずやその時が来ると信じています……、すぐにもう一つ上にロケットを取り付け、誘導制御システムを改良し、衛星を上に組み込んで、再出発です」

何という不屈の楽天性であろうか。チームはあっと言う間に士気を高めて、新たに作業を再開した。その頃には、レッドストーンの上段に装備するJPLの固体燃料ロケットは、「ロゥキー」よりも大型の「サージェント」になっていた。

実はフォン・ブラウンには秘策があった。ジュピターCロケットのうちの一機を「長期保存テスト用」に「温存」したのである。衛星打上げの許可が下りるや、フォン・ブラウンはそれを格納庫から出し、サージェント・ロケットを上に加え、制御システム、点火コマンド受信機を装備するつもりであった。呼応してJPLのジャック・フレーリヒがいくつものサージェント・ロケットを「推薬の経年変化の研究」と称して、耐爆室にそっと保管した。見事な連携プレーであった。

一九五六年九月二〇日には、テスト飛行を終えた最初のジュピターCが飛んだ。レッドストーンの上には二段式に仕立てられたサージェント・ロケットが装備された。しかしその前にABMA（陸軍弾道ミサイル局）のブルース・メダリス局長は、国防総省からの命令によって、そのまた上にもう一つのサージェントを付けることを禁じた。国防総省は「思いもよらぬ衛星」が軌道に投入されることを恐れたのだった。

一九五六年三月に「ヴァンガード」のテストも始まっていた。その三段式ロケットのアイディアはすぐれたものではあったが、何しろ改良と新規開発の項目が多過ぎて、打上げ間近と思われるソ連との競争に勝つには時間が足りないことを、フォン・ブラウンは明確に見抜いていた。そのため、既に実際の飛翔によって性能の確かめられているレッドストーンを「ヴァンガード」の名のもとに使えばよいという譲歩までして、アメリカがソ連に衛星打上げで立ち後れることの恐さを警告した。海軍首脳の答えは、常に「ノー」だった。

同年秋になると、ソ連が衛星を打ち上げるのではないかという信頼すべき筋の情報や報道も頻繁になっていった。九月から翌年六月にかけて、ソ連のさまざまな科学者が「ソ連が人工衛星を打ち上げる」旨の談話を発表するようになった。九月一八日には、ラジオ・モスクワが、もうじき衛星が打ち上げられると報じた。

アメリカの科学者の見方では、ソ連の科学者たちは、きわめて確かなこととしか口にしないという判断であった。そのため、非常に限られた報道や発表であっても、ロケットの関係者の間では、ヴァンガードの遅れと手を縛られたフォン・ブラウンの状況から見て、ソ連が一足先にもうじき衛星を打ち上げるだろうこと、今のままではアメリカは完全にソ連にしてやられるだろうことは、日を追って確信に変わりつつあった。

国防長官の命令によって、ロケットを作ることも衛星を上げることもできないフォン・ブラウンは、この忍耐の時期を驚くべき克己心を発揮してじっと耐えていた。かえって近くにいる同僚たちの方がいらいらしていた。ある日、我慢できなくなったシュトゥーリンガーがメダリス将軍を訪ねた。

「もうじきソ連が衛星を打ち上げることは確実です。将軍、もう一度長官に掛け合って、我々の衛星計画にゴーをかけるよう要請していただけませんか。ソ連に先を越されると、我々の国が受けるショックはとてつもないものになるでしょう」

「まあ待ちたまえ、エルンスト。君も知ってのように、衛星を打ち上げることはそんなに簡単なことではない。彼らにできはしないよ。私の情報のチャンネルをすべて動員しても、ソ連の衛星打上げが差し迫っているという兆候はまったくない。何か聞き付けたら、私はすぐ行動に移るよ。彼らの動きについてわかってから腰を上げても、我々には十分な時間があるよ。研究所に帰って、落ち着いていたまえ」

一〇月一日、ラジオ・モスクワがもうじき打ち上げる衛星の発信周波数を公表した。多くの人が受信機の周波数をそれに合わせた。

コロリョフの恫喝と魔法

既に述べたとおり、一九五五年七月二九日にアイゼンハワー政権が、「IGYの期間中にアメリカが人工衛星を発射する」と発表したが、それをうけ、同年秋に開かれたコペンハーゲンのIAF総会で、初登場のソ連の代表団は、ソ連もゲームに参加することを明らかにした。その席上、ソ連科学アカデミーのレオニード・セドフは、慎重に言葉を選びながら、次のように発言した。

――「技術的に見て、新聞に報道されたものより規模の大きな衛星を創り出すことは可能であり、……ソ連のプロジェクトは、比較的近い将来に実現される見通しです。ただしわたくしは、その日程を正確に特定する立場にはありません」

そしてアメリカの参加者が「アメリカ人とロシア人のどちらが先に宇宙飛行を達成するでしょう」と質問したところ、彼は「どちらでもないでしょう。最初に行くのはイヌです。ただしロシアのイヌです」と言ってウィンクをしたという。

しかしながら、IGYの期間中にソ連の衛星が登場するという、「国としての」公式決定がされたとの発言がなかったため、セドフの発言は、推測の域を脱していないように受け取られた。そして事実、ソ連の閣僚会議は、セドフの発表の時点では、衛星の開発を承認する行政命令を出してはいなかったのである。

コロリョフが衛星を運ぶロケットとして想定していた「R‐7」ミサイルは、最初の五回が失敗に終わっていた。衛星プロジェクトがあるためにR－7ミサイルの開発が遅れているのではないかという軍部の懸念を払拭するために、R－7の打上げをどうしても成功に導く必要があった。その打上げ場となったアラル海に近いバイコヌール地方は、背の低い灌木しか育たない荒れ果てたところ。一九五五年にははるばるモスクワから到着した一群の人びとが、この中央アジアの不毛の地にロケットの発射場を建設した。

一九五七年四月一九日、コロリョフは、フルシチョフ政府によりやっと名誉回復が認められ、その四ヵ月後の八月二一日、まるでそれへの感謝を表すかのように、大陸間弾道弾「R－7（愛称セミョールカ）」を打ち上げた。セミョールカは、ダミーの水爆弾頭を付けて、バイコヌールからカムチャーツカ半島までおよそ六四〇〇キロメートルを飛んだ。この射程距離の記録は、一五カ月後の一九五八年一一月二八日にアメリカのアトラス・ミサイルが、ダミーの水素爆弾をケープ・カナヴェラルから一万キロメートル以上はなれた南大西洋に運ぶまで、世界一を保持していた。世界最初の人工衛星打上げまでの関門は、ソ連共産党中央委員会だけとなった。

コロリョフはこの最後の障害に向け、ただちに動きを開始した。コロリョフの人工衛星の提案は一度目には退けられた。二度目に、コロリョフは別の策略を試みた。つまり「ミサイルか衛星か」という選択ではなく、「ソ連邦は衛星打上げを実現する世界で最初の国家をめざしているのか否か？」という文脈を持ち出し、共産党中央委員会の最高会議幹部会に対して「その歴史的責任を取れるのか？」と「恫喝」したのであった。

誰もスケープゴートにはなりたくなかった。ついに委員会の臆病極まる黙認によって、無線送信機と電池および温度測定装置のみを搭載する単純な衛星の開発が承認された。実は既に一年前から世界最初の衛星の設計と製作をコロリョフは始めており、共産党中央のしぶしぶの承認を得、衛星チームは勇躍として最後の仕上げにかかった。

この時点で、ソ連の最高幹部たちの意識に、「非軍事的な米ソの宇宙競争の軍事的価値」が認識されていなかったことは注目に値する。華々しく展開された以後の宇宙開発競争において、コロリョフは、アメリカという大国に相対すると同時に、自国の大物たちを相手とした消耗戦を死ぬまで続けることになったのである。

主任設計者ミハイール・ホミアーコフがもっとも心をくだいたのは、熱設計と真空対策だった。はじめは円錐形の案も浮上したが、結局は、「疾駆する馬のたてがみのようにアンテナを後ろになびかせた優美な球体の形状」が選ばれた。衛星製作のスケジュールには、コロリョフ自身が管理に乗り出し、異常とも言える厳格さで作業を推し進めた。

彼が真っ先にやったことは、この「衛星」が、これまでになく特別の敬意を払うべき物体であることを、工場で働く人びとに納得させることだった。そのために彼は、工場の壁面をすっかり塗り替えるよう指示し、さらに製作中の衛星を保管する時は、特殊なスタンドの上に置いてベルベットの布で覆った。口先だけで説得するのではなく、こうした舞台を設定してその場の雰囲気すら変えてしまう「コロリョフ一流の魔法」だった。そしてコロリョフは、スプートニクの金属球体の両半球部分が、一点の曇りもないように光り輝くまで磨き上げることを強要した。

ピリピリとした雰囲気のなかで、歴史的瞬間が近づいていた。

大急ぎではあったが厳格にコロリョフが管理したスプートニクの準備は整った。二機の衛星が製作され、いずれも飛行準備が整っていたが、そのうちの打ち上げられなかった一機は、後に溶接技術や組立技術の開発に利用された。

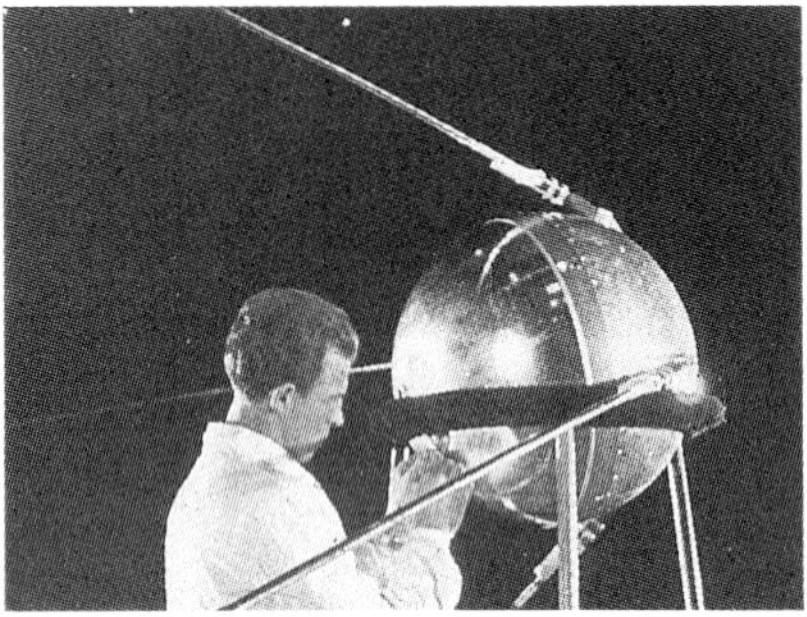

スプートニクを組み立てる技術者

打上げロケットがスプートニクとともに発射台に運ばれたのは、一九五七年一〇月二日のことだった。この日コロリョフは、設計技師全員を伴って、組立とテストの施設から発射台までの一・五キロメートルの道のりを歩いた。彼らはひたすら黙々と歩いた。コロリョフ自身が、まるで誰かから語りかけられるのを拒むように、下を向いてゆっくりと歩を進めたため、誰も一言も発することができなかったという。この一・五キロメートルの長い沈黙の時間にコロリョフの心に去来するものが何だったのか、誰にもわからない。

一〇月四日、打上げの日となった。R-7が発射整備棟に据え付けられた。そのノーズコーンのなかには、アルミニウム合金で作られた球体が鎮座していた。この球体の内部には、バッテリー式の無線送信機が乗せられ、四本のホイップ・アンテナ（導線一本だけのアンテナ）がバネで止められていた。世界初の旅立ちまで、数時間を余すのみとなった。

スプートニク

コロリョフ自身の秒読みを経て、R-7の重い巨体が火を噴き、ぐんぐん加速し、やがてバイコヌールの視界から消えた。スプートニクが軌道に乗り、地上でそのコールサインを聞いた時のコロリョフの言葉は、その後幾度となく語り継がれている。

――「私が生涯をかけて待ち望んでいたのは、ただこの日のことだ！」

つづいてスプートニクは、ソ連の追跡局の交信範囲の外へ出た。ついで地球の裏側に回り込み、最初の交信が終わった。受信装置のある小さな部屋には、多くの人びとが満ち溢れていた。スプートニクが地球を一周して、再びソ連の地上局でその電波を受けるまでは、軌道に乗ったという確信が得られないのである。物憂い時間がゆっくりと過ぎて行く。人びとはひたすら待った。私語を交わすものは誰もいない。そこにあるのは静寂だけであった。聞こえるものといえば、人びとの息遣いだけ。スピーカーからは何も聞こえてこない。

それは果てしなく遠いところから現れて、最初は非常に静かで、徐々に大きくなってきた。その信号音こそ、本体が周回軌道に乗って運行を続けていることを確認する「発振音」であった。再び小部屋の人びとは、喜びに沸き返った。キッスの嵐。誰もが抱き合って「ウラー」と叫んだ。普段は厳粛な表情をしたエンジニアたちも、自分たち自身が生み出した宇宙からのメッセージを耳にしながら、感激の涙を浮かべていた。

後にアメリカ初の衛星を誕生させる主役となったハンツヴィルでは、ちょうど国防長官に任命されたマッケルロイが、他の陸軍高官を引き連れて、陸軍弾道ミサイル局（ＡＢＭＡ）を訪問中であった。オリエンテーションのプログラムを終えてカクテル・パーティを楽しんでいるもっともリラックスした時間帯に、広報部長ゴードン・ハリスが大声で叫びながら部屋に飛び込んできた。

――「ソ連が衛星を打ち上げました！」

ハリスの叫びは雷電のように人びとを打ちのめした。フォン・ブラウンが訪問者を見回しながらきっぱりと言った。「レッドストーンを使えば、二年も前に同じことができたのです」。そしてマッケルロイに向き直って、「やれと言ってください。六〇日で衛星を打ち上げてみせます！」

メダリスが割って入った。「ウェルナー、九〇日ということにしようじゃないか」

それは、シュトゥーリンガーがメダリスを訪問してから一週間も経たないうちの出来事だった。カクテル・パーティがはねてから、フォン・ブラウンはシュトゥーリンガーに聞いた、「将軍はもちろん君に何か言っただろうね」「はい、電話がかかってきました。ただ一言『あんちくしょう！』と」。

二〇世紀のなかばをちょっと過ぎたこの日、史上最大の宇宙競争劇の幕が切って落とされたのである。

ソ連が誇らしげに「スプートニク衛星を軌道に投入」と発表した時、世界中の人びとの受信機が、正確に九六分おきに、静かだが安定した「ピーピー」という音を奏でた。日没直前か日の出直後、地上は暗いが衛星には日光が当たっている時間帯に、この「空飛ぶボール」は太陽の光を反射してキラキラと輝き、人びとは感動と不思議さに心を浸されながらそれを見上げた。新聞やテレビ・ラジオでは、スプートニクは四等星くらいの明るさだと報道していた。そしてこの驚くべき人工の星の反射光を見た人は、何かしら幸せな気持ちに包まれた。当時高校一年生だった私も、その一人だった。

世界の主要新聞紙上における打上げのニュースは、まるでキリストの再臨のような扱いだった。一〇月四日金曜日の午後遅くに記事を受信した『ニューヨーク・タイムズ』は、翌朝の紙面で、第一面の全幅を横切る二分の一インチの大活字で、めったに使わない三行のヘッドラインを構成した。

ソヴィエト、地球周回衛星を宇宙に発射、
時速一万八〇〇〇マイルで地球を周回、
球体はアメリカ上空を四回横断。

フランスの反応も同様に沸騰したものであった。「神話が事実に変わり、地球の引力は征服された」と『フィガロ』紙はトップ全段抜きの大見出しをつけ、「技術の分野において多少の屈辱感を体験したアメリカ人の幻滅と苦渋の反省」について報じている。

世界の人びとは、通信が消滅するまでの三週間にわたって、スプートニク1号の「発振音」に聞き耳を立てた。この丸い物体は、大気圏で燃え尽きるまで三ヵ月間も宇宙にとどまり、一四〇〇回以上も地球をぐるぐる回り続けた。

次の命令

さて、スプートニクの衝撃で、アメリカをはじめとする西側諸国が深刻な自己反省を猛烈な勢いで開始した頃、スプートニクを生み出した功労者たちは、インタヴューや表彰を受けることもできず、写真も撮影されず、また勲章を授与されることもなかった。コロリョフたち関係者は、わずかに、ソチ市（黒海北東岸の保養地）にあるブルガーニンのダーチャ（ロシアの田舎の別荘）

で五日間の休暇を過ごすことが許可された。

スプートニク1号の成功が、西側の人びとに与えた衝撃は、まさに驚天動地のものだったが、実はモスクワではきわめて無頓着な扱いを受けた。発射翌日の『プラウダ』紙を見ると、一面の右下の方に控えめというより素っ気なく、冷静に打上げの事実だけを伝えている。

しかし西側の過熱報道を目にした次の日（一〇月六日）の『プラウダ』紙の報道は一変した。第一面トップには「世界初の地球軌道上の人工衛星、ソ連邦で誕生」という大見出しを掲げ、この画期的成功に紙面のほぼ全段を割いている。ソ連では他国によって目を覚まされるまで、ジャーナリズムすら人工衛星の価値を認識していなかったらしい。

スプートニク1号成功の報に接したニキータ・フルシチョフ首相は、「コロリョフがまたロケットを打ち上げたということだ」と語ったという。人工衛星というものの意味がよくわかっていなかったのである。アメリカとヨーロッパのジャーナリズムによってその偉大な意義を教えられたフルシチョフは、ソチ市で休暇を過ごしているコロリョフたちに、急ぎモスクワに戻るよう命令を発した。

後に宇宙飛行士となったグレチコの話では、黒海からただちにクレムリンに到着したコロリョフに、フルシチョフは「我々は、アメリカより先に君がスプートニクを打ち上げるとは思いもよらなかった」と語ったそうである。しかし続いてフルシチョフが口にした言葉は、めったなことでは驚かないコロリョフを心底びっくりさせた。

「だが君はそれを成し遂げた。素晴らしいことだ。そこでだ、セルゲーイ・パーヴロヴィッチ君。間近に迫った革命四〇周年記念を祝賀するため、何か新しい目立つものを宇宙に打ち上げてくれないか」

革命記念日はわずか一ヵ月後に迫っている。現在の進んだ技術をもってしても、思いついて一ヵ月で宇宙に何かを打ち上げることなど誰にもできはしない。しかし結局コロリョフは、この無茶苦茶の提案（なかば命令）を引き受けた。グレチコは、この「金はいくらかかってもいいから、必ずやり遂げてほしい」という、ソ連邦の最高指導者からの依頼を受けた時のコロリョフの表情を「生涯でもっとも幸せな顔をしていた」と形容している。

現場に復帰したコロリョフは、彼のスタッフと作業員に向かって、「このミッションには、特殊な図面や品質検査は何もない。全員が私と気持ちを一つにしてほしい」と告げた。かくて「史上最短の宇宙ミッション、スプートニク2号」が開始された。そして懸命なコロリョフの陣頭指揮と、それに忠実に従ったスタッフの力で、革命記念祝典の当日、一九五七年一一月三日、スプートニク2号は打ち上げられた。その重さは1号の六倍に相当する五〇四キログラムであった。ソ連はあらためて、アメリカとの技術力の差を全世界の人びとの前に誇示して見せた。

スプートニク2号を打ち上げたロケットのグラスファイバー製ノーズ・フェアリングのなかに

は、世界初の宇宙旅行者である黒白まだらのテリア「ライカ」と、スプートニク1号の球体の複製が納まっていた。「ライカ犬」という呼び方は正しくない。この犬は雑種で、その名前が「ライカ」だったことがわかっている。

ライカはその孤独な宇宙滞在の最中に、心臓の鼓動を地上に送り届けながら、宇宙で餌を食べ、吠え、眠り、目覚めながら七日間生存したが、可哀相なことに、ブースターを切り離した後に熱制御システムが故障し、カプセルの過熱で死亡した。動物愛護団体の抗議をよそに、ソ連当局は、ライカを「宇宙旅行が生物にとって有害でないことを示した」崇高な大義による殉難者として遇したのであった。

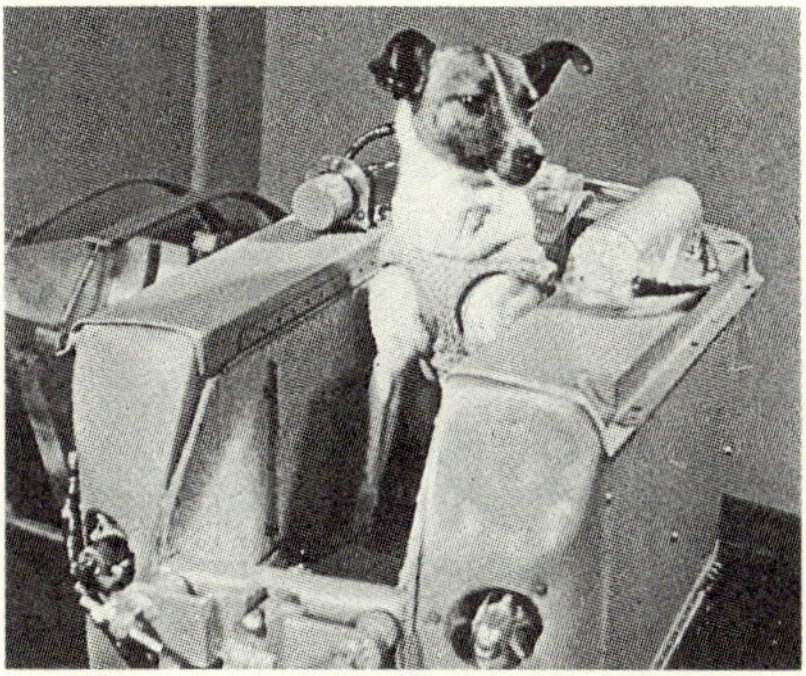

スプートニク2号に乗った犬のライカ

フルシチョフの愚弄的なコメントに加えて、あいつぐヴァンガードの遅れについての情報が、アメリカの人びとを苛立たせた。ますます激しさを増すマスコミの政府非難のなかで、ついにアイゼンハワー大統領は、スプートニク2号打上げの数日後、フォン・ブラウンのいる陸軍のプロジェクトに緑の信号を点《とも》した。

アメリカの追走

ジュピターCのノーズコーンにアメリカ物理学の大家ヴァン・アレンの観測機器を組みつける作業が開始された。ヴァン・アレンは、ヴァンガードに乗せる宇宙線の観測機器を準備する際、密かにジュピターCのノーズコーンにも合うようなものを製作したのである。

ハンツヴィルのフォン・ブラウンのチームとJPLの所長ピカリングが率いるチームは、いくらかの雑音はありながらも見事なチームワークで仕事をした。既にコードネーム「ミサイル29」と呼ばれていたジュピターCが、長期間の「貯蔵」を経て格納庫から出され、最終段を水平に向けるための姿勢制御装置が装備され、さらに最終段に点火するタイミングを判断するシステムも完成されて、テストの後にフロリダの発射場に合流した。

一方一二月六日には、空軍によるヴァンガード衛星の初の試射が世界中のテレビ・カメラの前で屈辱的な失敗に終わった。フォー、スリー、トゥー、ワン、ゼロ——すさまじい轟音。そして炎と煙に一度隠れた発射整備棟が再び姿を現した時、CBSのキャスターはこう述べた。——「美しい打上げです。ヴァンガード・ロケットは目にも止まらぬスピードで大音響とともに上昇していきました！」

「目に止まる」わけはなかった。ヴァンガード・ロケットは数センチメートルしか上がらなかったのだから。キャスターが冷静さを取り戻す暇さえなく、ヴァンガードは真っ二つに裂けたかと思うと、アメリカの威信もろとも、恐怖の火の球となって崩れ落ちた。わずか一・四七キログラム足らずの衛星は投げ出され、数メートル先で悲鳴のような送信を続けた。その試射に使われた三段式ロケットは、もともとテスト・ロケット3号と命名され、元来は文字どおり単なるテスト発射のために計画されたものであった。それがスプートニクのプレッシャーによって、打上げが数カ月も繰り上げられ、しかも完全に本格的な衛星の打上げ用に格上げされたものだった。

陸軍とJPLの作業はピッチを速めた。四段式になってしばしば「ジュノーI」と呼ばれるジュピターCロケットが、C-124輸送機に乗せられてフロリダのケープ・カナヴェラルに運ばれた。一九五八年一月一七日、ジュノーIは第26A発射台に垂直に立てられた。打上げ予定は一月二九日に設定された。実は海軍のヴァンガード・ロケットの再挑戦が二月初めに予定されており、ジュノーIに許された打上げ可能期間は数日に限られていた。この時点に至っても、まだ海軍が優先されていたのである。JPLとABMAのチームの緊張はいやが上にも高くなり、おまけに当日の天気予

ヴァンガードの打上げ失敗

報が悪天候を告げるに至って、ますます気分は張りつめていった。

メダリスは現地に来ていたが、フォン・ブラウン、ピカリング、ヴァン・アレンは国防総省に残され、ケープ・カナヴェラルおよびゴールドストーンとの交信を担当させられた。発射時刻が近づくにつれて、天候はどんどん悪化していき、上空で強風が吹き荒れているとの報がもたらされた。この悪天候で発射は二日延期され、

ジュノーIロケットに取り付けられるエクスプローラー

一月三一日に打上げ決行ということになった。

漆黒の空をバックに発射台に屹立するジュノーIの雄姿は、ライトアップされて美しく浮かび上がっていた。打上げの数分前から、直径一五センチメートル、長さ一・二メートルの小さな衛星を擁するロケット上段がスピンを開始した。こうしておけば、一段目から分離された後も上段ロケットは安定した姿勢を保つことができるのである。二二時五五分に点火、ジュノーIは火の海のなかをゆったりと優雅に上昇し、ぐんぐん速度を増して、やがて雲のなかに消えた。大きなスクリーンに表示される追跡とテレメータのデータは、すべてが順調に進行していることを物語

っていた。

やがてすべての上段ロケット・モーターの点火が確認された。しばらくの不気味な沈黙の後、バハマのダウンレンジ局で衛星からの電波が受信された。衛星は予想どおりの軌道にあるらしい。それからメダリスその他の要人は、近くのパトリック空軍基地に移り、多くのレポーターやゲストもぞろぞろと同基地へ移動した。発射から約九〇分後に地球を一周してきた衛星からの電波をはじめに受信するカリフォルニアのゴールドストーン局およびワシントンのフォン・ブラウンたちと交信するためだった。

この九〇分は、待っている人たちにとって、一生の間でも、もっとも長く感じられる九〇分だったろう。その間、何だかいろいろな不安が襲ってくるのである。さまざまな証拠にもかかわらず、「本当に最終段ロケットに火はついたんだろうな?」「打出し方向は確かだったんだろうか?」「スピードは衛星速度に達しているのか?」、挙げ句の果ては「ニュートンの運動法則は正しいのか?」。

メダリスの緊張は高まり、落ち着きがなくなり、いらいらしはじめた。我慢できなくなって、ワシントンのピカリングを呼び出した。「何か聞こえるかい?」「いや、まだです」。二分後「ビル、何か聞こえてる?」「いや、まだです、ブルース」。また二分後「ビル、どうして何も聞こえんのだ?」「いや、まあ聞こえないわけですから……」。

メダリスが腕時計を見つめながら、せかせかと部屋を動き回り始めた。死のような沈黙がひろがった。空気は不安と緊張で極度に張りつめ始めた。その静寂は、突如乱入してきたJPLの若い科学者チャック・リンドクィストによって破られた。「ゴールドストーン局が電波を受信しました。軌道に乗っているのです!」

フロリダで、ワシントンで、そして全米で、巨大な感情の流れがほとばしり出た。ゴールドストーンの受信の報を受け取った時のフォン・ブラウンは、時計を見ながら、こう言ったと伝えられている。

――「数分遅いな。ちょっと高い軌道に入ったらしい。軌道寿命が少し伸びるな」。そしてしばらくの後、彼は記者団の前に姿を現し、こう語った。「これで我々は宇宙に確固とした橋頭堡《きょうとうほ》を作りました。絶対に手離しません!」

この時フォン・ブラウンは四五歳。この若く新しい英雄とともに、アメリカはソ連との熾烈な宇宙競争へと突入していったのである。

軌道に乗ったことが確認された直後、アイゼンハワー大統領がこの小さな衛星を「エクスプローラー1号」と命名した。翌日の新聞には、エクスプローラー1号を頭上に掲げた三人の幸せな男の写真が掲載された。

打上げの四日後、ホワイトハウスで大統領主催の祝賀ディナーが開かれた。土壇場になって科

打上げ成功後の記者会見でエクスプローラー1号を掲げる三人　向かって左よりピカリング、ヴァン・アレン、フォン・ブラウン

学者も招待しようということになり、おりからデュポン・プラザ・ホテルに逗留していたフォン・ブラウンとピカリングにもお呼びがかかった。フォン・ブラウンがピカリングの部屋に電話をしてきた。――「礼服をレンタルしたんですが、白いネクタイがないんです。一本余ってませんか？」「いや、実は私も式服を借りたんだけど、白ネクタイは一本しかないんだよ、ごめん」。しばらくしてまたフォン・ブラウンから電話がかかってきた。――「ホワイトハウスがきっと何とかしてくれるでしょう。行きましょう」

ホワイトハウスに着いて受付で頼んだところ、「わかりました」と、すぐに白いネクタイが届けられた。アイゼンハワー大統領は少し遅刻してきた。彼は短いスピーチを行い、そのなかで二つのことを謝った。一つは、遅刻してきたこと。もう一つは、黒いネクタイをしてきたことだった。――「実はホワイトハウスのなかをくまなく探させたのですが、白いネクタイがどうしても見つからなくて」

エクスプローラー1号の成功の後、ピカリング、ヴァン・アレン、フォン・ブラウンをはじめとする関係者には、全世界から祝福の言葉が寄せられた。そのなかでもっとも印象深いのは、イギリスからフォン・ブラウンに来た一通の電報だろう。差出人はイギリスのダンカン・サンディーズ戦争局長、ウィンストン・チャーチルの娘婿である。彼は一九四三年八月にイギリス軍がペーネミュンデを空爆した時の総指揮官だった。祝電に曰く、

――「ワシントンDC、国務省気付、ヴェルナー・フォン・ブラウン博士。偉大な快挙に対し心よりお祝い申し上げます。ここイギリスでも身震いし喜びに湧きました。戦争中には、貴殿と私とは異なる立場にありました。今は同じ目的のためにともに働くことができることをたいへん嬉しく思っています。いつかお会いできる日を楽しみにしております。ダンカン・サンディーズ」

広がるコロリョフの戦線

一般にはあまり書かれていないが、ソ連にも当時失敗はあった。一九五八年四月二七日のことである。第三番目のスプートニクになるはずの積荷を乗せたロケットは、バイコヌール基地を飛び立った後にエンジンが故障し、十数キロメートルほど上昇してから地上に落下してしまったの

である。

一九八〇年代にソ連の宇宙科学研究所（ＩＫＩ）の所長を務めたロアルド・サグジェーエフ博士は、私たちの古い友人である。彼は現在はアイゼンハワー氏の孫娘と結婚してアメリカに住んでいるが、この幻のスプートニクについて話してくれたことがある。

地上に落下した衛星探しが、飛行機やヘリコプターを使って大々的に行われた。しかしその探索を指揮したパイロットは、何を探しているかを知ることすら許されなかった。機密は厳重に保持され、「この領域で何か異常な物を探せ」「ラクダを刺激するな」という命令のみが伝えられたそうである。

パイロットの一人が戻ってきて、何か変な物を発見したという報告をもたらした。すぐに装甲車を含むレスキュー・チームが派遣された。回収されたのは、まさしく件《くだん》の衛星であり、測定装置の一部はまだ作動しており、電波を発信し続けていたという。

重さ一・三トンの新しいスプートニク3号がただちに準備され、成功裏に軌道に打ち上げられたのは一九五八年五月一五日だった。スプートニクの打上げのたびごとにアメリカは不安になっていき、一九五七年のなかば頃に囁かれていた「遠からずロシアはＩＣＢＭ（大陸間弾道弾）をアメリカに到達させる能力を備えるかもしれない」という疑惑は、今や予想をはるかに超えた形で実現されていた。

このような危機感のなかで、アメリカのアイゼンハワー大統領は、一九一五年以来の伝統を誇るNACA（アメリカ航空諮問委員会）を核として、非軍事の宇宙開発を遂行するNASA（アメリカ航空宇宙局）を一九五八年夏に設立した。

「月面到達に対する私の父の情熱は、最初の月探査機をメチータ（夢）と名づけたほど思い入れの強いものでした」と、コロリョフの娘ナターシャが述懐している。とはいえ、そのメチータへの道は困難をきわめた。最初の三機は地球の周回軌道にも乗らなかったので単に「メチータ」と呼ばれた。一九五九年一月二日に打ち上げられた「メチータ」は、月から約六〇〇〇キロメートルを通過した後、太陽周回軌道に達した初の人工物体となり、初めて公式に「ルナ1号」の名称が与えられた。ルナ1号は、月に磁場がないことを観測し、また月から一〇万キロメートルのところでナトリウム蒸気の雲を放出したが、これはインド洋を越えて天文学者の視界に捕らえられた。

その後、一九五九年九月一二日に打ち上げたルナ2号は月面に到達し、別の天体に着陸した最初の宇宙船となり、さらにスプートニク1号の二周年記念として、一九五九年一〇月四日（バイコヌールの時間では一〇月五日）に打ち上げられたルナ3号は、数々の障害を乗り切って、月の周囲を優美に舞いながら、太陽を背景に、地球人の目に届かなかった月の裏側を撮影した。

こうしたコロリョフ率いるソ連の月探査の相次ぐ快挙とは対照的に、当時のアメリカは立て続けに月への打上げ失敗を体験していた。最初のつまずきは一九五八年に起きた米空軍の打上げロケット「ソア・エーブル」の第一段の故障と、探査機パイオニアがケープ・カナヴェラルの発射台から飛び立てなかった事故である。一九六〇年を通じて、パイオニアは七回連続して月面への到達に失敗した。そうした失敗の途上でNASAの長官となったT・キース・グレナンは、合衆国が宇宙探査において一人よがりの開発を行っていると指摘する棘のある声明文を発表した。

グレナン長官の言葉にもかかわらず、アメリカの努力はすぐには実を結ばず、さらに火星や金星など新たな天体の探査を舞台としたソ連との競争に突入していった。宇宙での強攻策を推進するうちに、宇宙の熱烈な愛好者へと転じたフルシチョフは、一九六〇年一〇月に国連総会に出席する先触れとして、火星探査機の打上げを求めたとされている。とは言いながら、フルシチョフの最大の関心事は、依然として軍事力の強化にあった。

一九六一年から開始されたアメリカのレンジャー・ミッションは、一九六四年一月の6号までことごとく失敗に終わった。一九六四年と一九六五年のレンジャー7、8、9号に至って、初めてアメリカは一万七〇〇〇点に及ぶ月面の写真を撮り、それは質的に見て、ソ連の写真をはるかに凌駕するものであった。

一九六三年から一九六五年にかけてのソ連の月ミッションは、一二回中一〇回が失敗に終わるという惨憺たるものだった。月の裏側の写真を二五点ほど撮影したゾンド3号だけが、唯一の成功した探査機である。しかし一九六六年二月三日、ルナ9号は史上初めて月に軟着陸し、「あらしの海」から月面のパノラマ写真を送ってきた。それはコロリョフの死のわずか二〇日後のことだった。

人類の作った探査機が惑星に旅立つ時代がやってきた。最初に失敗したのは、一九六〇年一〇月に二度にわたって企てられたソ連の火星探査機であった。いずれも第三段エンジンの故障によって地球の軌道に達することができなかった。次は七回連続の金星探査機で、うち五回はロシア、二回はアメリカであったが、とりわけ一九六一年二月から一九六二年九月までの一九カ月間は一度の成功もなかった。コロリョフ自身が発射準備を細心の注意をもって監視していたにもかかわらず、これほど数多くの失敗を重ねたことが、特に彼のフラストレーションを高めたことは、想像に難くない。

一九四八年にキセーニヤと離婚して以来、娘のナターシャは父コロリョフとはあまり親しくしていなかった。若いナターシャは父に対して冷淡な態度をとっていた。彼女は父と接触せず、自分の結婚式にも招かなかったほどである。コロリョフが晩年を迎え、ナターシャがコロリョフの初孫アンドレーイを産んだ時、はじめて二人の関係が修復された。ナターシャは語る。「アブラームツェヴォに近いホートコヴォで実習コースを取っていた時に、父が訪ねてきました。私が博士号を取得した時にはたいへん喜んでくれました。モスクワ第一医療研究所に進み、外科医になったのです。私は一九六二年に父の家を訪ねましたが、その時はアンドレーイが一緒でした。父は老後をアンドレーイと遊んで過ごすことを楽しみにしていました。『二人は仲良しさ』と父はよく言っていました」

一九六二年一〇月、ケネディとフルシチョフがキューバへのミサイル配備をめぐって対峙する事件が起きた。そのミサイルの恐怖から一週間が過ぎた一一月一日、コロリョフが準備した、二機目の火星探査機「マルス1号」がバイコヌール基地を旅立った。マルス1号は、世界で初めて火星への接近飛行に成功したが、赤い惑星から一〇六万キロメートルを通過した時には、姿勢制御システムが故障し、地上との交信が不能になった。しかしこの探査機は、二日から五日の間隔で、一九六三年三月二一日までに、六一回にも及ぶ地上とのリンクを確立して、多くの偉業を成し遂げた。

こうしてソ連とアメリカとの惑星への先陣争いは、その後も数年にわたり一層熾烈さを増していった。

軍事衛星と通信衛星

一九六〇年代の中期、アメリカの宇宙関係企業の大半が、大陸間弾道ミサイルや月・惑星探査機、有人宇宙船のうちどれかのプロジェクトに的を絞って、集中的に開発を進めていた。コロリョフの設計局が、当時そうした膨大な数のアメリカ企業の相手を一手に引き受けていたことを考えると、何だかコロリョフとアメリカとの競争は、いわゆる弱者と強者の闘いという感じがしないでもない。

コロリョフは一九五七年にR-7ロケットを打ち上げた時から、スパイ衛星を重要視しており、有人宇宙船の計画を立ち上げた一九五七年の時点で、ほぼ同時にスパイ衛星の計画づくりに入った。そして一九五九年にコロリョフは、ソ連最初のスパイ衛星「ゼニット」を人間を運ぶヴォストーク宇宙船と同じ型にすることに決めた。有人と無人の違いがあるのに、と不思議に思われるかもしれないが、考えてみれば、同じ船体と支援システムを使えば、開発チームをわける必要がない。さらにヴォストークは、宇宙飛行士からのインプットは基本的にない設計になっており、ゼニットへの適用はまったく問題なかった。

スパイ衛星「ゼニット」は、若干の飛行テストの後、一九六二年七月二八日に打ち上げられ、完璧にミッションを遂行した。翌年、コロリョフは、「ゼニット」の製造責任をウクライナのサマーラの設計局に譲り渡し、最終的にはそこが独立した中央特別設計局となった。

それに先立つこと二年前の一九六一年、コロリョフは、ソ連にとって偵察衛星に勝るとも劣らないほど重要なもうひとつの開発も開始していた。通信衛星計画である。コロリョフほど、迅速な通信の必要性を認識している者はいなかっただろう。

一九六〇年代初頭、コロリョフは静止軌道に衛星を乗せる構想を持ったが、それだけのことができる大型のブースターが入手できず、行く手は阻まれたかに見えた。しかし彼はうまい解決策を思いついた。旧R－7の四段式バージョンを使って、衛星を近地点四〇〇キロメートル、遠地点四万キロメートルの楕円軌道に乗せ、軌道傾斜角六三・五度で打ち上げられた三機程度の衛星でソ連のほぼ全域をカバーするのである。これが「モルニヤ」である。「モルニヤ」は、コロリョフの遺したもっとも重要な業績の一つとして記録されるべきものである。

アメリカでフォン・ブラウンが、ほとんどの力をサターンVロケットの完成に注いでいるなか、コロリョフの戦線は、フルシチョフの多面的な要求を反映して、ますます広がり続け、まさに八面六臂であった。月・火星・金星への探査機、スパイ衛星、気象衛星、通信衛星、ガガーリンの宇宙飛行などのすべてが、コロリョフ設計局（OKB－1）の双肩にかかっていたのである。ただしこのすべてが国からトップダウンで降りてきたものではなく、コロリョフ自身のやる気が忙しさを引き出したものでもあった。

第5章　有人飛行への先陣

一九五七年一〇月四日にソ連がスプートニク衛星を打ち上げた時、アメリカのアイゼンハワー大統領は「空に浮かぶ小さなボール」という認識で軽く考えていたらしい。アメリカの有人宇宙飛行計画は、軍が主導すべきか、民間が中心になるべきか、それとも両者が協力して進めるべきか、アイゼンハワーの態度が煮え切らない状況は続き、国内では数年にわたって激論が闘わされた。決着をつけたのは一九六一年五月、ケネディ大統領による月面着陸計画の発表とそのミッションのNASAへの委託であった。

その間に、ソ連は一人の若者を宇宙へ送り出した。歴史に残る凱歌を次々とソ連があげていき、コロリョフの兵站《へいたん》線が不気味に拡大していくなかで、しかし、大型ロケットの開発に焦点をピタリと合わせたフォン・ブラウンは、あせることなく一歩一歩距離を縮めていった。宇宙開発史上もっとも熱い一九六〇年代が始まった。

好位置につけたフォン・ブラウン

NASAの創立直後において、初代長官のT・キース・グレナンは、それまでNSB（国家科学委員会）のメンバーだったにもかかわらず、宇宙やその仕事を遂行している組織について何の興味も知識もなかった。ところが、アメリカの宇宙開発の状況について猛勉強をする過程で、膨大な人びとがNASAを支持しているという状況を作り出すことが肝要と考えるに至り、予算獲得に猛然たる闘争を開始した。彼の目標は、一〇年後に年間予算三〇億ドルに到達することだった。発足当時のNASAの予算は年間三億一五〇〇万ドル。翌年は六億一五〇〇万ドル、次の年は一一億五〇〇〇万ドル。これが、第二代長官ウェッブ（一九六一年一月就任）が引き継いだ予算である。ここからNASAの予算は、アポロ計画とともにドラスティックに伸びていった。

フォン・ブラウンのチームを獲得するというグレナンの試みもあった。この企みは、就任直後の時点では成功しなかったが、ABMA（陸軍弾道ミサイル局）とNASAの協力は、あらゆる分野で緊密なものがあり、仕事の上での連携はもちろん、相互に個人的な知り合いも増え、友情も芽生えつつあった。また宇宙への情熱に衰えを見せない空軍も、フォン・ブラウンのチームを獲得することに強い意志を示していた。

このように、一九五八年の夏頃の時点で、ABMAの人びとは、自分たちがNASAに行くのか空軍に移管されるのか、不安な状況にあった。個人的なベースで見れば、NASA派と空軍派に分かれていただろう。ただし彼らに共通の思いが二つあった。どこに行くにしても、みんな一緒にロケットの開発をやりたいということ、もう一つは、フォン・ブラウンのもとで働きたいということであった。そんななかで、フォン・ブラウンだけは相変わらず中立を守っていた。彼が頑固に主張していたのはただ一つ、大型のブースター・ロケットを開発することがアメリカにとって不可欠だということであった。

人間を宇宙へ運ぶ大型のロケットは、一九五〇年代に初めて米ソ両国で現実のプランとなった。どちらも荒削りなスタートであった。

アメリカでは、一九五五年頃にフォン・ブラウンが大型ブースターの現実的なプランを練り、一九五八年初め頃からロイ・M・ジョンソンを長とするARPA（将来研究計画局）が、これに「ジュノーVシステム研究」という名を与えてサポートを始めた。それは、ロケットダイン社のジュピター・エンジンを八本束ねたブースターだった。ARPAは同時に、それに乗せる上段ロケットの研究も開始している。

一九五九年二月、国防総省は、木星（ジュピター）の次の惑星は土星（サターン）だからという理由によって、ジュノーVを「サターン」と命名した。これはフォン・ブラウンの提案にもとづくものであった。

しかし有人宇宙活動について、ホワイトハウスから聞こえてくる声は否定的なものばかりだった。一九五八年暮れにＮＡＳＡが、一九六一年までに一人の宇宙飛行士を地球周回軌道を回らせて戻ってくるという「マーキュリー計画」を発表した時にも、ホワイトハウスはしぶしぶ承認を与えた。こうした傾向が、有人飛行をこれ以上発展させたくないと考えているアイゼンハワー大統領の方針によるものであることは明らかだった。

有人飛行への反対は、ホワイトハウスだけでなく、有人をやると科学に金が回ってこなくなると惧れる科学者たちからもあり、これは大統領の科学諮問委員会（ＰＳＡＣ）が膨大な科学者グループの声を代表していた。また国防総省の研究技術局長ハーバート・Ｆ・ヨークは、一九五九年六月九日の覚書で、サターン計画をキャンセルすることを決定している。これは、一つには大統領の意向に沿ったものであり、有人飛行が軍本来の計画の縮小につながることを惧れたものでもあった。

もちろんＮＡＳＡは猛烈な抵抗を示し、一九五九年九月、ＮＡＳＡのヒュー・ドライデンと国防総省のヨークが共同議長を務める特別委員会が招集され、議論の結果サターン計画は継続されることになった。しかしヨークは、サターン計画とＡＢＭＡのチームを、そっくりＮＡＳＡに移管し、予算の面倒もＮＡＳＡが見るべきだと強く主張した。軍から「いまわしい金食い虫」を追放したかったのである。そして彼は、「軍事衛星打上げ用ロケットの開発はすべて空軍が受け持ち、ＡＲＰＡから大型ロケットの予算を引き上げる。サターン・ロケットの責任はＮＡＳＡが負う。フォン・ブラウンのチームはＮＡＳＡへ移す」という解決案を提案した。この提案はドライデンとマッケルロイに受け入れられた。

ここに至って、陸軍長官ブルッカーとメダリス将軍は、フォン・ブラウンのチームを手離すことを決意し、一九五九年九月、ＡＢＭＡのすべての人びと（四八〇〇人）とすべての施設を、フォン・ブラウンと同時にＮＡＳＡに移管するよう進言した。ＮＡＳＡが二〇世紀最大のロケット・チームをまるごとやすやすと手に入れる布石が、打たれたのである。

フォン・ブラウン、ＮＡＳＡへ

ちょうどこの時期に、ＮＡＳＡ本部の有人宇宙飛行局の宇宙船飛行ミッション部長をしていたジョージ・ローが、ＮＡＳＡの次の目標は人間の月面着陸であるとの提言を行い、これが受け入れられて、その実現に至る詳細なロードマップについての勧告が一九五九年一〇月に作成された。その中心は、人間を月へ送って着陸させ、そして帰還させるための大型ロケットの開発だった。

この勧告は、政府とさまざまな企業で長い間行われていながら、まだ不安定な状態にあったサターン・ロケット開発の「市民権」を確立し、さらにフォン・ブラウンのチームをＮＡＳＡに移管することの必然性を浮き彫りにした。ＮＡＳＡ長官グレナンは一〇月一四日、ＡＢＭＡにいるフォン・ブラウンとその配下のほとんどの技術者、サターン計画に必要なロケット関係のすべての施設・設備をNASAに移すことを公式に要望し、一週間後、アイゼンハワー大統領がこの要望を受け入れることを表明した。ここに、フォン・ブラウンと四五一九人の人びとはNASAの職員となり、彼らのABMAは「ジョージ・C・マーシャル宇宙飛行センター（MSFC）」と呼ばれるようになった。

陸軍の傘下で働いた一五年間に、フォン・ブラウンのチームは一二七人から約五〇〇〇人にも膨れ上がった。V－2の開発、レッドストーンの開発、エクスプローラーの打上げ、ジュピターの開発、月への最初のフライバイ（接近飛行）、パーシング・ミサイルの開発、アメリカ最初の有人飛行の準備、サターン－アポロ計画の曙の時代、……すべて陸軍のもとでの「偉大なジョブ」であった。フォン・ブラウンは、「一九四五年から一九六〇年までの『陸軍時代』を思い起こすと、いつも心からの感謝が湧き起こってくる」と語っている。

NASAに移ったフォン・ブラウンのチームは、働く場所を変える必要がなかった。同じ建物で同じ人びとと仕事をすればよかった。変わったことといえば、給料がNASAから支給されるようになったこと、公式に軍事目的ではない大型ロケットの開発をやれるようになったこと、センターのトップのボスがフォン・ブラウンになったことだった。そのセンターに、亡くなった国務長官ジョージ・C・マーシャルの名前が冠せられたことを、チームは誇りに思った。マーシャルは、第二次世界大戦後の戦後処理で、ドイツを含むヨーロッパの国々が立ち直るために懸命の努力をした陸軍の将軍だった。アイゼンハワーが彼の葬儀における弔辞で述べたように、マーシャル将軍は「真の軍人であり、同時に平和の建設者」であった。そしてノーベル平和賞を受けた唯一の職業軍人でもあった。

月へ人間を飛ばす――マーシャル宇宙飛行センターの所長になったフォン・ブラウンは、少年時代からの夢の実現へ向かって、ラスト・スパートをかける絶好のポジションについにたどりついたのである。

ザ・ライト・スタッフ

一九五八年初めにアメリカ初の人工衛星エクスプローラーを軌道に乗せたアメリカは、ソ連に若干の後れをとったとはいえ、きわめて意気軒昂に人類史上初の有人飛行をめざして、宇宙飛行士の募集にとりかかった。

ＮＡＳＡの本部は、当時ワシントンＤＣのラファイエット広場にあるドリー・マディソン・ハウスに臨時に置かれていた。一九五九年四月九日、そこのボール・ルームで、厳正な審査の結果選ばれた七人のスーパー・スターたち（マーキュリー・セヴン）が披露された。彼らこそ、アメリカ人を代表して宇宙へ飛び立ち、「にっくき」ソ連を出し抜いて、宇宙のナンバー・ワンの地位を取り戻してくれるはずの人びとだった。

彼らを宇宙へ運ぶ最初のロケットは、フォン・ブラウンのチームが既に開発済みのレッドストーンとなった。一九五八年夏に月ロケット計画を発足させた直後、NASAはラングレー研究センターに、NASAの前身NACAから来た航空技術者ロバート・R・ジルルースをリーダーとするSTG（スペース・タスク・グループ）を発足させた。このSTGが、飛行士を乗せるマーキュリー宇宙船を開発した。これが後にジェミニ宇宙船に、さらにアポロ宇宙船に発展していった。計画の規模が大きくなったため、STGはヒューストンの有人宇宙船センターとなり、ずっと後の話になるが、一九七三年からはジルルースを所長とするジョンソン宇宙センターになった。

STGは、H・ジュリアン・アレンと天才マキシム・A・ファジェイの示唆にもとづき、カプセルの形を円錐形とし、先端を鈍頭とすることに決定した。円錐の底は再突入の前面にするため軽くカーブさせ、それを空力加熱に備えるアブレーション材で覆った。最後はパラシュートを開き、飛行士を海軍に回収してもらうというシナリオであった。

マーキュリー・セヴンの面々は、二年間、宇宙飛行士としての訓練を受け、マーキュリー・カプセルに鎮座し、はじめは弾道飛行のためにレッドストーン・ロケットに、ついで軌道飛行をめざして、当時打ち上げるたびに轟然と爆発を繰り返していたアトラス・ロケットに乗り込むことになった。

一九八九年の秋に私たちの研究所を訪問したファジェイは、天ぷらに舌鼓を打ちながら語ったものである。——「まったく、マーキュリー・セヴンの連中ときたら、血気盛んないたずら好きの若者ばかりでしたよ。しかし、運動神経は抜群、頭脳明晰。国民の英雄たるにふさわしい奴らでした」

そう、彼らは「ザ・ライト・スタッフ（任務にぴったりの人びと）」と呼ばれた。

ザ・ライト・スタッフの七人

タフで鳴るジェット・パイロットたちが、苛酷な訓練を続けながら気になっていたことはただ一つ、「誰が最初に宇宙へ行くのか」ということだった。もちろん七人がみんな、自分自身がトップバッターになりたいと願っている。北九州の「スペース・ワールド」のオープニングの時にお会いしたアラン・シェパード飛行士にそのことを尋ねてみたことがある。彼はこう答えた。

——「NASAは、粋なやり方をしたのです。七人の飛行士に『自分が行かないとしたら誰を推薦するか』を紙に書かせて提出させたのです」

実に巧妙な心理的駆け引きではないか。私は、この投票だけのデータで本当に飛ぶ順序を決めたかどうか疑問に思っているが、少なくともこれなら七人とも納得する見事な方法だと認めないわけにはいかない。

そして一九六一年一月一九日、ジルルースが、マーキュリー・セヴンのメンバーを集めておごそかに言い渡した。

――「アラン・シェパードがレッドストーンによる最初の弾道飛行を行う。アランに続いて、ガス・グリソムが二番目の弾道飛行を行う。ジョン・グレンはこの二回の任務のバックアップにつく」

ということは、最初の軌道飛行を行う栄誉は、ジョン・グレンの上に輝くことになる。そしてこの選考結果には厳重な箝口令《かんこうれい》が敷かれた。またNASAは、グレンが飛ぶ前にチンパンジーを宇宙に送り込むことに決めた。

――チンパンジーなんぞにかかずらっている間に、ソ連が人間を宇宙へ運んでしまうのではないか？　アメリカの宇宙飛行士たちの心配をよそに、米ソのどちらが先に飛ぶか、客観情勢は容赦ない進展を見せ始めた。

ケネディとウェッブの就任

有人宇宙飛行だけでなく宇宙計画そのものに最後まで消極的だったアイゼンハワー大統領は、スプートニク・ショックの後にNASAの設立に署名し、ついで宇宙評議会（NSC）をも作ったが、絶えず揺れ動き、一九六〇年にはみずから作った宇宙評議会の廃止まで口にするようになっていた。アイゼンハワーに代わって一九六一年一月に大統領になったジョン・F・ケネディは、宇宙評議会の存続を宣言し、議長に副大統領のリンドン・ジョンソンを据えた。同月二〇日には、ジェームズ・E・ウェッブが二代目のNASA長官に任命された。それは、シェパードの極秘裡の任命の翌日だった。

ウェッブは、さすがのアメリカでもめったにいないような多彩な経歴の持ち主である。弁護士として一家をなした後、ビジネスの世界に身を投じ、大企業の重役、科学教育の責任ある地位に就き、一転して航海士となり、さらにトルーマン大統領のもとでは財政局長や国務次官を務めた。アイゼンハワーらケネディの政敵も賛成するほどの猛者で、これ以上の適役はいなかっただろう。

ケネディの就任後の最初の数カ月は、ラオスのアメリカ寄りの政権が共産軍の攻撃で危機に瀕しており、それをどう乗り切るかが生まれたばかりの政権の重大な試金石となっていた。とても宇宙の問題に目が向く時期ではなかったが、宇宙の大切さを直感していたケネディは、とりあえず懸命に入念な調査を開始し、宇宙でソ連に勝つためのさまざまな意見に謙虚に耳を傾けた。

ウェッブは、副大統領・軍・経済界などを介さないで、大統領と直接コンタクトをとりながら仕事をすることを望んだ。彼の就任の二年前に、有人宇宙飛行が公式にNASAの任務とされており、それをもっとも効率よく推進することを決意した。

ウェッブの就任直後の動き方は、見事なマネージメントの典型である。まず自分の意見を述べることはせずに、ヒアリング、質問、勉強、議論を徹底して行った。次に、NASAの職員、それぞれの局、委員会、パネル、関係機関がこれから彼をサポートしてくれるよう態勢を整えた。第三に、有人飛行に関して提出されていたさまざまな計画に優先順位をつけた。第四に、実行したい計画と実行可能な計画の間の妥協点を定めて、自分の心のなかにしっかりした行動のプランを作り上げた。最後にその行動プランを大統領に提出した。

一九六一年一月三一日、レッドストーン・ロケットによる「ハム」君の打上げに付き合わされたマーキュリー・セヴンの面々は、猿の後塵を拝して不満タラタラだった。ただしこの「ハム」君のテストが順調ならば、シェパード飛行士の打上げを三週間後に挙行する予定になっていたので、飛行士たちはじっと耐えていたのである。

それでは「ハム」君に課せられた任務はどのようなものだったのだろうか。彼は狭い箱に入れられ、備え付けのライトが瞬くと、その瞬き方に応じて、右または左のレバーを押すように訓練されていた。そして正しく行動すると、ご褒美のバナナの丸薬がディスペンサーから口に放りこ

さんざんな目にあったチンパンジーのハム

まれるはずだった。その代わり行動が誤りだと、軽い電気ショックが「ハム」君を襲うのである。

ところが、事実は小説より奇なり。「ハム」君を乗せたレッドストーン・ロケットは、無事打ち上がったものの、意外な展開を見せることになった。エンジンが燃料を予想以上に早く使いきったために、搭載コンピューターは「エンジン異常の可能性あり」と判断し、マーキュリー・カプセルのすぐ上に装備されている脱出用タワー・ロケットに点火し、カプセルをロケットから切り離した。このため、「ハム」君のテストの基準となる軌道がくるった上、まずいことにカプセルの電気系統にも若干の故障が重なって、「ライトの瞬き方に応じてバナナを支給するシステム」は大混乱に陥った。飛行中に受ける最大加速度は八Gくらいと予想されていたが、実際には一六Gくらいかかり、「ハム」君は常に正しく左右のレバーを押し続けたにもかかわらず、バナナの丸薬はもらえず、電気ショックばかりを見舞われるという悲惨なことになったのである。

海面に落下した時も衝撃が大きく、ヘリコプターが救助した時には、カプセルに大量浸水し、「ハム」君は口をパクパクさせて、なかば溺れかかった状態だった。NASAはこの「勇敢な」類人猿のために祝賀会を催したが、半狂乱の「ハム」君は、カプセルから出されるやいなや、人といわず物といわず所かまわずかぶりつくというありさま。

結果としては、レッドストーン・ロケットの責任者であるフォン・ブラウンが「もう一度無人のレッドストーンを打ち上げてから、人間を運びたい」と判断したため、二月に予定したシェパードの弾道飛行は、さらに先へと延期されたのだった。

この時点におけるケネディ大統領の腹づもりとしては、一九六三年度予算の立案に間に合うよう、一九六一年の秋に宇宙計画に決断を下せばよいと考えていた。しかし二つの思いもよらぬ大事件が、その決断を早めた。ガガーリンの飛行とキューバ危機である。直接アポロ計画につながって行くキューバ危機については後章に譲るとして、ここではまず「ガガーリン・ショック」について触れよう。

準備万端

三月二四日、フォン・ブラウンが強硬に主張した無人のレッドストーンは完璧な飛行を見せ、いよいよシェパード飛行士の番となった四月、アメリカは大きなショックに襲われた。ソ連の有人飛行の準備が厚い鉄のカーテンに阻まれて見えないのに対し、アメリカの情報はほとんどが公開されていた。ソ連は、この競争を「敵を見ながら」遂行する有利さがあったといえる。しかしラストスパートの息づまる接戦を制したのは、もっと前から続けられていたソ連の入念な準備だった。

人間による宇宙旅行の安全を確保するのに必要なインフラストラクチャを開発するために、コロリョフはスタッフを十分に充実させ、しかもきわめて慎重な道を選んだ。ソ連の宇宙医学の最高権威の一人であるオレク・ガゼンコは、言っている。

――「私たちはネズミ（ラット）、イヌ、ハツカネズミ、ウサギ、モルモットなど生きた動物をロケットに乗せてたびたびテストした結果、克服し得ない障壁はないと考えていましたし、これらの動物たちは一二分間も無重力に耐えるので、人間の飛行士も死亡することはないと実感していましたが、コロリョフはこうした動物の実験データにはまったく無関心でした。彼は常に人間に対して是か非かという確答だけを求めていたのです」

ソ連では一九五一年以来、いずれ宇宙飛行士を宇宙に送る準備として、ロケットによる動物実験を継続的に行っていた。宇宙医学の現場に六、七人の医師しかいなかった一九五一年に初めて飛ばしたのは、デジーク、ツィガーンという二匹のイヌで、高度一〇〇キロメートルまで飛行した。この二匹が乗せられたカプセルは、後にスプートニク2号でイヌのライカを収納したものと同型であった。

一九六〇年五月一五日、ヴォストーク宇宙船のプロトタイプが完成し、無人での打上げが開始された。六四周目に地上に帰還するため逆推進ロケットに点火するコマンドが地上から送られたが、誤作動を起こし、宇宙船は地上に戻れなくなってしまった。また同じ年の七月二八日に打上げられた別のヴォストークには、チャイカとリシーチカという二匹のイヌが乗っていたが、打上げロケット本体の爆発により死亡した。

同年八月一九日、ベールカとストレールカという二匹のイヌは、一八回の地球周回を行った後、パラシュートで回収され、軌道周回から地球に生還した最初の生物となった。

しかしその後一進一退を繰り返したイヌの宇宙飛行が、宇宙飛行士に与えた不安も大きなものだったに違いない。その不安を解消したのはおそらく、天才的な設計者セヴェーリンによる緊急脱出のメカニズムと、パラシュートによる軟着陸システムへの信頼だったであろう。そして回収技術が確立したと判断された一九六一年四月、ガガーリンが飛び立つ頃には、コロリョフが頼りにする宇宙医学のグループは一五〇人にも達していた。

一九六一年三月三〇日にソ連共産党中央委員会に届いた一通の覚書には、大臣、司令官やコロリョフを含む主任設計者たち多数の署名が付されていた。

――「私たちは、地上と飛行状態のどちらにおいても、膨大な科学研究および実験などの作業を完遂しました。人工衛星の開発と建造のために実施された一連の作業の成果である衛星の地上への回収方法、および宇宙飛行士の訓練方法は、大気圏外への人類の初飛行の実施を可能にするものであります。六名の宇宙飛行士が、既に飛行準備を整えています。（中略）その飛行は地球周回軌道を一周しますが、その過程でロストフ、クィビシェフ、ペルムを結ぶ線を通過します。万一着陸時に異常が生じた場合には、機体は二日から七日間をかけて大気の自然制動によって降下し、南緯六五度と北緯六五度の間に着陸します。外国の領土に強制着陸した場合に備えて、宇宙飛行士には適切な指令が与えられており、さらにカプセルには一〇日分の食料と水が補給され、それとは別に三日分の携帯可能な緊急用補給物資とラジオと送信機を装備しておきます」

当時ソ連の宇宙飛行については、それが成功しないかぎり党が公表を避けたがる情勢にあっただろうが、覚書には大胆にも次のように書かれている。

――「私たちは以下の理由により、宇宙船が軌道に入った直後に、最初にタス通信を通じて公表することが妥当な処置と考えています。

・救出が必要になった場合、組織的に即座に救出することを容易にする。
・外国政府が宇宙飛行士を軍事偵察とみなすことを阻止する」

一九六一年四月三日、「宇宙船の打上げについて」というタイトルの行政命令が発行され、中央委員会によって前述の覚書が承認された。翌四日には、コロリョフがバイコヌールの行政委員会に対し、飛行準備完了の報告を行った。そして五日、ガガーリン、チトフ、ネリューボフ、ニコラーエフ、ポポヴィッチの五人の飛行士がバイコヌールに到着した。歴史に長く記憶されるべき一週間の幕が切って落とされたのである。

四日前の指名

この日、後に人類初の宇宙遊泳をすることになるアレクセイ・レオーノフは、ガガーリンたちとともに、コロリョフと初めて顔を合わせている。レオーノフの印象は以下のようなものだった。——「黒塗りの車から降り立ったのは、ネイヴィーブルーのコートと帽子を着用した首筋のガッシリした大柄な人物であった。帽子のひさしの下には人を射るような黒い瞳が輝いていた。振り向く時も頭だけを回さずに体全体の向きを変える。私たちを見る時の彼の瞳は活力に満ち溢れていた」

その時、レオーノフが連れ立っていたのは、ブィコフスキー、ゴルバートコ、ガガーリンら二〇人の戦闘機パイロットたちだったが、コロリョフは「私の可愛い隼たち、みんな座ってくれ」と声をかけるや、その一人一人を眺めた後、短い会話を始めた。そしてコロリョフはガガーリンの前に来ると、じっと彼を見つめた。レオーノフの印象では、「それはまるで部屋に二人しかいないかのようなまなざし」であった。続いてコロリョフは別の宇宙飛行士のところへ歩を進め、

「愛国心・勇気・謙虚さ・鋼鉄の意志・知識および人類愛……宇宙飛行士はそうした資質を兼備していなければならない」と言った。

コロリョフが去ると、飛行士全員がガガーリンを取り囲み、「コロリョフはきみを選んだんだ」と口々に言った。事実コロリョフの後日譚でも、この時の飛行士たちとの初会合で、人類初の宇宙飛行士としてガガーリンを選ぶことを決心したそうである。既に彼らは半年ほど訓練をしていたので、コロリョフは、その報告書のなかから飛行士たちについて多くの情報を得ていたものと思われる。

ガガーリン（左）とコロリョフ

そしてガガーリンが正式に飛ぶことを言いわたされたのは、四月八日のことだった。それにしても、飛行のわずか四日前という、直前の指名はいかにも慌しい。そこには、ソ連の有人飛行への設計思想が深く関わっていたのである。人間の宇宙飛行に対するアメリカ側とロシア側のアプローチの間には、いくつかの重要な相違点があった。その一番の違いは、ソ連が自動システムに依存する傾向を持っていたのに対し、アメリカは宇宙飛行士自身が宇宙船を制御することに比較的大きな幅を残していたことであろう。

この設計哲学上の決定的な相違点は、宇宙飛行士の資格基準の相違から来ているように思われる。アメリカは高度の技術教育と豊富な飛行経験を積んだテスト・パイロットを宇宙飛行士に選抜した。その結果アメリカ側のパイロットは、若手の戦闘機パイロットであるロシアの宇宙飛行士候補よりも一〇歳くらい年配であった。ソ連がもっとも要求した基準は、完全な健康状態であった。つまり知的能力よりも肉体的能力を重視したのである。

熟練したベテランの飛行士の役割を制限することは、アメリカの荒々しい気質を持ったジェット・パイロット相手には難しい場合があった。逆にソ連では、とりわけ医師たちが、若年の飛行士たちが精神的に不安定になるのではないかと心配していた。実際には戦闘機のパイロットが精神に異常をきたす可能性などは、無線通信が故障を起こす確率よりはるかに低い。彼らは、夜の成層圏や厚い雲のなかを飛行することに慣れている。

それでもソ連の宇宙船は、主として医師の忠告にもとづき、宇宙飛行士の手動操縦をできるだけ抑えるロジックを採用した。ヴォストーク宇宙船には六個のボタンを備えた特殊なパネルがあり、手動操縦をできるようにするには、この六個のボタンをコード化された順序で押さなければならなかった。その六桁の数字のうちの三桁は、無線を通じて宇宙飛行士に伝送されることになっていた。

しかし飛行士たちがこうしたシステムを嫌っており、コロリョフ自身も気に入らなかったので、コロリョフは表面的には医師を黙らせるためにそれを容認しておいて、単に三桁の数字の入った封筒をガガーリンに与えたという。ガガーリンは絶対にボタンを操作しようとはしなかった。

飛行士自身の操縦に対するこうした制約があったことを考えれば、ガガーリンが飛行の四日前まで、初の宇宙飛行をすることを知らされていなかった事実も納得がいく。対照的にジョン・グレンが搭乗命令を受けたのは一九六一年一一月二九日だったが、これは飛行の三ヵ月も前のことだった。

四月一〇日午前七時、ロケットに燃料を充塡しない状態での点検作業が実施され、四月一二日に打上げを行うとの発表があった。

四月一一日午後一時、二七歳のユーリ・ガガーリンは車で発射台に行き、オリエンテーションを受けた。彼とコロリョフは、ロケットの上で約一時間にわたって手順を検討したが、疲れを覚えたコロリョフは、木造の小さなコテージに戻り、弱っている心臓のための薬を服用した。強制労働の余波は既に姿を現し始めていたのである。しかし翌朝には回復し、四月一二日という輝かしい日にふさわしい体調に戻っていた。コロリョフが寝ていたコテージの隣の、よく似たコテージで、ガガーリンはバックアップ要員のゲルマン・チトフと寝台を並べて熟睡した。

四月一二日がやってきた。この日午前五時四〇分に起床したガガーリンは、早速飛行準備に入った。事前に十分な休息と睡眠をとったため、彼の気分は上々だった。宇宙服を着てバスに乗り込み、発射場へと向かったガガーリンとチトフは発射台に到着し、そこからはガガーリンだけカプセルに案内された。空軍チームが彼を宇宙船「つばめ」の座席に座らせてくれた。そしてハッチが閉じられた。

管制センターが「退屈していないか？」とガガーリンに尋ねてみたのは、八時一四分のことだった。ガガーリンの答えは、「音楽があれば、少しは楽に我慢ができそうだが……」というものだった。八時一九分に地上でサポートしている飛行士仲間のポポヴィッチが、ガガーリンにラヴ・ソングのサーヴィスをする。ガガーリンはたいへん喜んだ。つづいて発射一五分前の通告。ガガーリンはシールド・グローブを着用し、ヘルメットを閉じた。発射五分前。そして残り時間一分になった。その前にタワーの撤去される音が聞こえた。ガガーリンの目にロケットを照らすライトがまぶしく映る。

パイェーハリ！

人類最初の宇宙飛行への旅立ちが、目の前に迫っていた。その光景をもっとも雄弁に語ることができるのは、ガガーリン自身の報告書である。

——「八時四一分には、ヴァルヴの作動する音が聞こえ、かすかなノイズが聞こえ始めました。メイン・エンジンに点火した時にノイズは大きくなりました。決して鋭い音ではなかったのですが、耳が聞こえなくなりました。……続いてロケットがかすかに震えているような感じがしました。ロケットはスムーズに、しかも軽快に上昇していきました。振動はしていましたが、それほど大きくは揺れませんでした。緊急時の射出に備えて準備を整えました。私は着座のままで、リフトオフの過程を見守っていました。その時、セルゲーイ・パーヴロヴィッチ（・コロリョフ）の声が聞こえました……」

ガガーリンが「パイェーハリ（出発）！」と叫んだその瞬間の模様は、後に長年にわたってソ連のマス・メディアが引用する決まり文句となった。発射の正確な時刻は、モスクワ時間の九時六分だった。予定の三分遅れだったことをガガーリンはよく覚えていた。

ついにガガーリンは歴史的な旅に出たのである。

――「G荷重は徐々に強まっていきましたが、普通の飛行機の場合と同様に、完全に対処することができました。およそ五G程度でした。そうしたG荷重のなかで、私は地上に報告を送り、終始交信を続けていました。あらゆる顔面の筋肉が引っ張られていたため、多少は話しづらい感じでした。いくらか緊張していました。G荷重は引き続き高まり、やがてその頂点に達し、徐々に低下し始めました。その時私はG荷重の急激な減少を感じました。あたかもロケットから何かが切り離されたように感じられました。何かノックのようなものを感じました。無重力状態が現れ始めたのです。……次にG荷重が再び発生し、増加し始めました。私は徐々に座席に押しつけられましたが、ノイズ・レベルはかなり低下しました」

彼は、約一八〇キロメートルの高度で軌道に入り、遠地点高度三二〇キロメートルに達した後、九〇分で地球を一周した。宇宙の飛行は、後続の宇宙飛行士たちによって詩的表現から熱狂的な誇張表現へと変えられていったが、宇宙からみた地球について、後に残る数多くの描写を生み出したのは、当然ながらガガーリンが最初であった。

――「雲が見える、ああ発射場も。実に綺麗だ。なんと美しい眺めだ！　九時一二分に第二段ロケットが、続いて第三段も停止しました。停止は突然でした。G荷重がわずかに強まり、およそ一〇秒後、分離が起こりました。揺れを感じました。機体は徐々に旋回を始めました。……地球が左から上に向かって通過し始め、やがて右から下に向かいました。地平線が見える、そして星も……。空はあくまでも黒く真の闇でした。その暗黒をバックにして星はくっきりと輝いており、……地球の全表面では、繊細な青い光が徐々に暗くなり、紫の色調が徐々に黒へと変化していきます。海上を飛行している時は、海面がライト・ブルーではなく、グレイに見え、白黒写真に写った砂丘のように見えました。食事と飲み物を摂ることはできました。心理的な障害は意識しませんでした。無重力状態の感覚は未知のもので、紐で水平に吊り下げられた感じのするものです。

私が鉛筆でメモ用紙を突き放してみると、目の前を浮遊しています。報告書の続きを書こうとした時に、あるはずの場所に鉛筆がありませんでした。どこかを漂っているに違いありません。

筆記用具がないので、日誌を閉じて、ポケットに収めてしまいました。

地球の陰に入る時は、非常に唐突でした。その時までは、窓越しに強い光が見えていました。私は、その光から顔をそらすか、あるいは顔面を覆っていたのです」

九時五七分にガガーリンは「今は素敵なムードに浸って飛行を続行しています。今アメリカ上空にいます」と地上局に伝えている。そして一〇時一三分に再突入の準備に対応するいくつかのコマンドが初めて与えられると、ガガーリンからは「飛行は絹のように滑らかです」との報告が入ってきた。

故郷の大地へ

しかしこの直後、ガガーリンは最大のピンチに見舞われる。その危機は「絹のように滑らかな飛行」を妨げたばかりでなく、ガガーリンの「緊急事態ではなかった」の言葉とは裏腹に、最悪の事態に発展しかねない事件であった。ガガーリンの報告書によれば、

——「正確に予定した時間に第三（再突入）コマンドが出され、制動中のロケットが外部から蹴られたように感じました。G荷重がわずかに強まり始め、その時に無重力状態から突然もとの状態に戻りました。ロケットの制動は正確に四〇秒間行われ、それが終了するやいなや、鋭い振動が発生しました。機体はスピン軸のまわりを高速できりもみし始めました。少なくとも毎秒三〇

度くらいの速さでスピンしています。私は完全に『群舞を踊るバレリーナ』になってしまいました。……私が辛うじてできたのは、太陽から自分の目を覆い隠すことだけでした。そして帰還カプセルの切り離しを待ちました。だが何も起きませんでした。計画では、ロケットの制動が終わってから一〇秒ないし一二秒後に分離するはずでした。ところが、制動が終了すると分離を監視するコンソールのすべての照明が消えました。分離は起きなかったようです。コンソールの照明が再び点灯しました。依然として分離は起動しません。『バレリーナ』状態が続いています。私は何かに異常があるものと判断しました。正常に着陸しさえすれば、ソヴィエト連邦は長さが八〇〇〇キロメートルもあるのでどこも同じであり、極東地域のどこかに着陸するはずだと判断しました」

ガガーリンの報告は続く。

――「理論的に考えて、これは緊急事態ではないと判断しました。そのため私は『すべて正常』の信号を地上へ送ったのです」

本当は明らかに「緊急事態」だった。ガガーリンのいる降下用モジュールと逆推進ロケット・システムとの切り離しがうまくいかなかったのである。そのためケーブルによってゆるやかに結合したまま、逆推進ロケットが回収カプセルを牽引しながら再突入したため、全体がヨーヨーのように回転を始め、ケーブルが空力加熱によって溶断されるまで、その状態が続いたのである。

ガガーリンの報告書は、この後で、分離が一〇分遅れて起きたこと、機体の回転は遅くなり始めたが、三次元のすべての軸のまわりに回転していること、機体の振動、温度上昇、G荷重が一〇Gほどになったことなどを、実に克明に書き連ねている。彼が稀に見る冷静・沈着な人物であることを見事に証明する報告である。

そして、この史上初の宇宙飛行は大団円を迎える。宇宙船から脱出し、着陸するまでのプロセスをも、ガガーリンは見事な筆致で描き切っている。

――「私は射出を待っていました。高度約七〇〇〇メートルで第一ハッチがサッと離れました。そのまま座って考えていました。射出されたのは自分なのかどうか？　次に私は冷静に頭を上に向けました。ちょうどその時に点火が起こり、私は宇宙船の外へ射出されたのです。それは瞬時の出来事でした。どこにもぶつかりませんでした。

私は座席に座って舞っていました。つぎにキャノンが発射され、パラシュートが展開しました。その座席は、椅子に腰掛けているように非常に快適でした。私には右に回転しているように感じられました。その直後に大きな河が見えました。これはヴォルガだと思いました。私がパラシュート訓練をしている頃、幾度となくこの付近に飛び降りたことがあります。鉄道と、河をまたぐ鉄橋が見え、はるかヴォルガに達する広大な大地が見えました。私は、サラトフ（クィビシェフの南約三二〇キロメートル）に着陸しようとしていました。つぎに予備のパラシュートが起動しましたが、空中で引っかかってしまいました。パラシュートが開かず、パックだけが開きました。私は降下しながら、自分の右側に見える段丘の上にある守備隊駐屯地を識別することできました。道路の右手には、大勢の人びとや機械類が見えました。道路はエンゲルスに通じているはずです。そして峡谷を流れる小川を発見しましたが、そこには子牛の世話をする数人の女性がいました。どうやら私は、その峡谷に向かって落下しているようでしたが、どうすることもできません。

帰還した宇宙船ヴォストーク

皆が私の可憐なオレンジ色のキャノピー（パラシュートの傘）を見ているように思えました。やがて、耕された畑地に着地しつつあることがわかってきました。自分の足で大地を踏みました。着地は非常にソフトでした。私は自分が立っていることすら実感できませんでした。後方のパラシュートが私に覆い被さり、前方のパラシュートが私の目の前に落ちてきました。私は生きていました。しかも無事でした。

小山の上に登った時、一人の女性と小さな女の子が私の方に向かってくるのが見えました。女性の歩みがだんだんのろくなり、少女は逃げようとしました。その時私は腕を振って叫びました。『私はあなた方と同じソ連の人間だ。何も恐れることはない。怖がらないでこっちへおいで！』宇宙服を着ているので歩きづらかったのですが、なんとか歩けました。私は彼女たちに近寄って、『私はソ連の人間だが宇宙から来たのだ』と告げました」

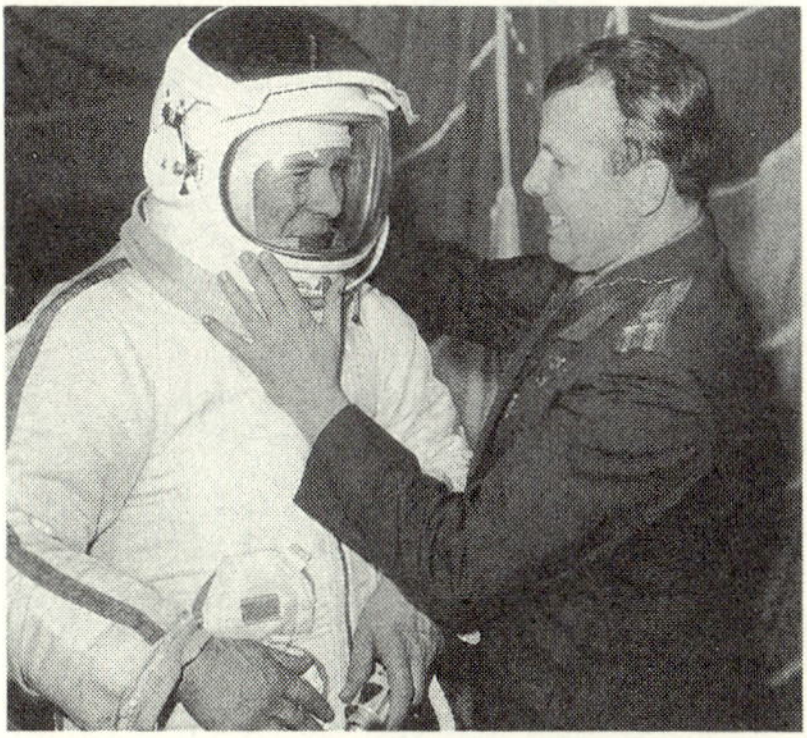

フルシチョフに宇宙服を着せるガガーリン

まるで夢を見ているような手記である。ここに人びとが長く持ち続けた宇宙への熱い夢は現実となり、帰還後の記者会見でガガーリンが述べた「地球は青かった」という言葉とともに、人類は万人の宇宙旅行の実現に向けて、美しい一歩を踏みだした。

付近の守備隊駐屯地からの捜索ヘリコプターがガガーリンを発見し、彼をエンゲルスに送り届けたが、ガガーリンはそこでブレジネフとフルシチョフから電話を通じて祝辞を受け、その後クィビシェフに送られた。

宇宙飛行から二日後、モスクワで記者会見が開かれた。この席上で、ガガーリンは「どのように着陸したか？」

と尋ねられたのだが、あるボスから「カプセルに入って着陸したと答えろ」と指示されたため、それにしたがった。しかしその後あちこちで微に入り細を穿ってその模様を質問されたため、非常な窮地に立たされることになった。

さて、コロリョフにとって、ガガーリンの飛行は、依然として長い道のりを残している研究に対する偉大な一里塚であった。唯一の彼の腹立ちは、ガガーリンの帰還を喜ぶモスクワの大騒ぎに、自分が目立った関わりが持てなかったことであった。

ガガーリンが宇宙飛行から帰還した後、コロリョフはフルシチョフとともに、彼を訪ねてヴヌーコヴォに向かっている。だが、フルシチョフがガガーリンを抱擁した時、コロリョフは脇に追いやられてしまった。当時コロリョフは「チャイカ」という車に乗っていたのだが、車両の行列がモスクワに戻った時、その「チャイカ」のファンベルトが切れてしまい、さらに地味な車に乗り換えざるを得なくなって、再びその場のその他大勢としての背景人物になってしまった。当時の写真は、レセプションでガガーリン夫妻を祝福するフルシチョフ夫妻やミコヤンなどのグループから遠く離れている「無名の」主任設計者を写し出している。

さあ、アメリカでは、再び有人宇宙飛行に対する関心がにわかに高まっていった。時あたかも、人間の代わりにチンパンジーの「ハム」が飛び、過剰なGを体験してから二カ月半経っていた。ハムはあまりの経験にノイローゼとなっていた。

第6章　月への助走

アイゼンハワーの若い後継者、ジョン・F・ケネディが執務を開始してからわずか三ヵ月しか経っていない一九六一年四月一二日、コロリョフのチームがガガーリンを軌道に乗せて世界中の大喝采を博した時、ケネディの行動にはただちに火が付いた。それは人間を月面へ送る壮大な計画のプロローグであった。一方ソ連が崩壊した後に続々と公表される資料によって、当時この国も有人月面着陸のレースに参加していたことがわかっている。

序盤戦はソ連のリードで始まった。しかしケネディの決断を間に挟んだマーキュリー計画の二年間、目標を定めて頑張ったアメリカは、コロリョフが提案したN-1ロケットを軸とする有人月計画に焦点を絞りきれないままのソ連に肉迫していった。あせったソ連は付け焼刃の宇宙船ヴォスホートでとりあえずの乗切りを画すほかはなかったのである。

コロリョフの大志

スプートニク打上げの一年半も前の一九五六年四月、コロリョフは、ソヴィエト科学アカデミーでのスピーチのなかで、月への宇宙飛行に向けて最初のまじめな提案をした。

――「本当の目的は、月へ飛行して帰還することが可能なロケットを開発することだと思います。このミッションは、軌道上の衛星から出発すればもっとも容易に達成できるでしょうが、地球から出発することによってでも可能です。私の提案が極端に遠い話だと思わないでいただきたい」

コロリョフは『宇宙空間開発というもっとも有望な課題』(一九五八年)と題したチホヌラーヴォフとの共著のなかで、未来の一〇年間のシナリオを詳細に述べている。その「一〇年計画」には、惑星間飛行の技術、月表面を撮影する探査機、最初の有人飛行のための熱シールドと再突入システム、火星および金星へ飛行可能な無人探査機、衛星のランデヴー技術の開発、宇宙ステーションの打上げとそこから惑星間飛行を可能にするロケットの組立、宇宙の長期滞在のための二〜三人用の宇宙船の設計、月のまわりの有人飛行のためのイオンエンジン付きの宇宙船などが含まれており、これらの課題が実現されれば、次のようなミッションに着手することが可能になると述べている――火星と金星への有人飛行、有人月面着陸と地球への帰還、月面上の恒久的なコロニーの建設。

その後続く何年かの間に、リストに載っているほとんどのことについては、共産党の幹部から承認を得ることはできなかった。それでもコロリョフは、アメリカより有利なスタートをしているという自惚《うぬぼ》れがあった。このチホヌラーヴォフとの共著が書かれた一九五八年に新たにつくられたNASAは、まだ予算が約三億ドル強で、総人員はわずか八〇〇〇人だったからである。

一九五七年七月一五日、スプートニク1号打上げのほぼ三カ月前、一〇〇〇トンのロケットで有人月面着陸をめざすコロリョフのコンセプトは、政府レベルと主任設計員会議の両方で、初めて真剣な議題となった。しかし会議の結論は「アイディアがまだ未熟」というものだった。コロリョフの落胆は大きかった。

その後二年間、このプロジェクトの動きはなかった。一九五九年一二月には、ソ連の軍事力の増強にならない宇宙開発を重要視しないという決定がなされた。ソ連の国防省は、「宇宙探査は、国の防衛能力に対する直接的な脅威である」と考えており、常に宇宙探査には冷淡だった。

一方NASAは徐々に、政治的・大衆的に熱狂的な支持を獲得していった。一九五九年一月一九日、NASAは、ノース・アメリカン・エーヴィエーション社にF-1エンジンの生産契約を与え、二月には月探査のワーキング・グループを設立し、

チホヌラーヴォフ(右)とツィオルコフスキー

六月には陸軍軍需ミサイル総司令部（アラバマ州ハンツヴィルにあるフォン・ブラウンのチーム）が、月への宇宙飛行のためにサターン・ロケットの研究を開始することを要請した。八月には、ラングレー研究センターのスペース・タスク・グループ（STG）が、三人の飛行士を月から帰還させることのできる次世代のカプセルを開発する研究に入った。

こうした手を次々と打つアメリカの動きに触発され、ソ連の首脳部は、スプートニクとルナの成功によって得られた世界的名声が危機を迎えていることを、遅ればせながら認識し、閣僚会議が一九六〇年六月に新しい法令を施行して、一九五九年一二月の決定を入れ替えた。

N-1ロケット構想の登場

ソ連の閣僚会議が、アメリカの動きに触発されて施行した一九六〇年六月の新しい法令には、「強力な打上げロケット、衛星、宇宙船」などが盛り込まれており、「全備一〇〇〇～二〇〇〇トンの強力なロケット・システムにより、六〇～八〇トンの重量の宇宙船を地球低軌道に乗せるものが望まれる……。もっとも重要なのは、化学燃料を利用した新しいN-1ロケットの建造である」と明確に述べている。

ソ連国防省は、宇宙船と強力な打上げロケットを軍事目的に利用する可能性に関する文書を準備するように指示されていたが、まったくこれに応えなかった。一九六一年一月一五日付けで、コロリョフはK・S・モスカレンコ元帥に対し作業を急がせるよう書簡を送ったが、国防省の態度は実際上は変わらず、それが宇宙探査の資金の削減を招き、N-1の作業を大幅に遅らせる原因となった。

こうした国防省の怠慢にもかかわらず、一九六〇年の法令にもとづいて、コロリョフのもとでは、火星への有人ミッション、そのためのN-1ロケットの開発などいくつもの有望な計画がスタートした。火星よりも月が最優先の有人ミッションになったのは一九六〇年代初期だが、既にスプートニクの打上げ以前から、コロリョフは月をもっとも重要な目標としていた。その断固たる意志の表明が、一人乗りの月宇宙船「ソユーズ」の開発開始（一九五七年）であった。

「ソユーズ」は非常に精巧に設計された。「ソユーズ」はジェミニの後に完成されたものだが、その利用計画はアメリカのジェミニよりももっと複雑で、二人乗り宇宙船のドッキングと、軌道上での宇宙飛行士の相互移乗を考えていた。ジェミニは、ランデヴー飛行とターゲットとの自動的なドッキングだけを想定していた。論理的に言えば、ソユーズとの比較は、アポロのコマンド・モジュール（CM、司令船）およびサーヴィス・モジュール（SM、機械船）に対してなされた方がよい。両方とも月への飛行を意図していたからである。

コロリョフにとって当時の最大の問題は、N-1ロケットの開発に十分な金がないことだった。その上、課せられた納期は過酷であり、結果として既存の技術基盤を最大限に利用しながら、できるだけシンプルで信頼性のあるロケットとし、長期間の使用に耐えるものがめざされた。異なった設計案が出され、激しい議論が闘わされたが、最終的には軍事・科学の両方から、有効搭載量七五トン、全備重量二二〇〇トンのロケットならば、ほとんどの問題を解決できるであろうと決定された。

コロリョフは、この巨大な打上げロケットを多角的機能、すなわち地球の低軌道での軍事観測、広域をカバーする通信衛星、気象データの収集、無人から始めて最終的には人類を月・火星・金星に送る任務を持つものとして宣伝した。各方面からの支持にもかかわらず、ソ連の軍部は相変わらず「必要な資金は、国家の安全強化のためにのみ獲得される」という頑なな態度を崩してはいなかった。月計画などは常に、軍事計画を議論した後に「ところで……」という具合に切り出されるのだった。「N-1の多角的使用」という戦略は、政治情勢を睨んだコロリョフの悲しい選択だったとも言える。そしてこれが、ひたすら「宇宙飛行士を月に送る」というただ一つの任務を負った「サターンVロケット」に後れをとった最大の理由かもしれない。

アメリカはソ連から宇宙のリーダーシップを奪い取るために、特別の目標として「月に最初に着陸すること」を設定した。ソ連は、この挑戦に応えるのか、あるいは、断固としてはねつけて独自の道を行くのか、決定すべきだったのに、そのどちらもしなかった。そして「月への課題」に努力を集中できなかったのである。集中力を欠いていたことを示す一つの例が、一九六一年に発生している。それは、コロリョフに激しいライヴァル心を抱くヴラジミール・チェロメイに、「二人の宇宙飛行士に月のまわりを一周させて帰還させる」という独立した計画のために、新たなロケットと宇宙船を開発するという指令が与えられたことである。これはN－1とはまったく関連のない指令だった。

歴史に残る演説

振り返ってみると、ケネディの宇宙計画における断固とした行動は、夢にもとづいたものではなく、現実の世界情勢を睨んで冷静になされたと言える。さらに言えば、まさにこの同じ日々にCIA（中央情報局）が仕掛け大統領が是認した「キューバ亡命者によるピッグズ湾への侵攻」が大失敗になったことにも関係があったろう。

ケネディ大統領は、就任当初からフィデル・カストロ率いる社会主義キューバと一触即発の危機を迎えていた。キューバからの亡命者たちは武力でカストロ政権をくつがえそうとあせっており、これに全面的な援助を与えなければならない政治状況に置かれていた。しかし、ガガーリンの飛行の五日後、四月一七日にキューバのピッグズ湾へ未明の侵攻を開始した自由キューバの反乱兵士に、予定されていたアメリカ空軍の支援は行われなかった。ケネディがぎりぎりのタイミングで空軍の艦載機の出撃を中止させたのである。

キューバから奇跡的に帰還した兵士たちやマスコミのごうごうたる非難のなかで、四月一九日、ケネディがジョンソン副大統領に渡したメモにはこう書かれている。――「私は、NSC（National Space Council：宇宙評議会）の議長であるあなたが、アメリカが宇宙に関してどのような位置にあるのかを総合的な観点から明確にする責任があると信ずる。……アメリカがソ連を負かすには、宇宙に実験室を運べばいいのか、月を回ってくればいいのか、月面に着陸するロケットを打ち上げればいいのか、それとも人間を月へ運んで戻ればいいのか……」。そして多くの細かい質問が列挙され、「このことに関し、できるかぎり早急にレポートを提出していただきたい」と結んでいる。

この大統領の依頼は、既にスプートニクの成功の直後から宇宙でソ連に追い付くための「過激な」動きを見せていたジョンソンにとって、かねてからの「自分の」宇宙計画を実行に移すまたとないチャンスであった。国内のあらゆる組織・個人にまたがってジョンソンの質問状が送られ、数多くの回答が寄せられた。そのなかで、ジョンソンはフォン・ブラウンからの回答をもっとも期待していた。彼の回答には、月面着陸計画について技術的詳細が記されていることが明らかだったからである。既にジョンソンはフォン・ブラウンと深い親交があった。フォン・ブラウンからついに届いた回答には「宇宙に実験室を送るというような方法では、ソ連を打ち負かすことは決してできません。しかし人間を月面に着陸させるという絶好のチャンスを持っています。……

月に人間を着陸させましょう。国の他の宇宙計画をすべて後回しにしてでも。……宇宙の競争で我々が闘っているのは、平和の時代の経済が戦時の体制をもとにしている国だと、敢えて申し上げます」。

このフォン・ブラウンの自信に満ちた観測は、既にアメリカがF－1エンジンの開発を開始して数年の成果があり、ソ連がそれほど大きいロケットを新たに建造するにはあと何年もかかるという確信を基礎にしていただろう。このフォン・ブラウンの判断が、アポロの勝利の始まりであった。

フォン・ブラウンの回答を受け取ったその日、ジョンソンはケネディにメモを送った。そのメモは、ソ連の宇宙技術への重点化によって、アメリカの国家威信が重大な危機に瀕していると述べた後、それを救えるのは、ただ一つ、大統領が宇宙への強力なリーダーシップを発揮することであると、「勇敢な決断」を促した。大統領の個々の技術的な質問については、ジョンソンはほぼ全面的にフォン・ブラウンを下敷きにして答えている。

ケネディのあせりの陰で、ソ連を追撃するニュースもあった。

一九六一年五月五日、シェパードが、レッドストーン・ロケットの先端に格納されたマーキュリー宇宙船「フリーダム・セヴン」に乗り込み、打上げの三分後にブースターから分離し、弾道飛行を終えて帰還したのである。

シェパードの弾道飛行に勇気づけられて、NASA、国防総省などの議論が沸騰するように続けられた。そして五月八日、ウェッブとマクナマラ国防長官の署名した覚書が大統領に届けられた。「宇宙での劇的な偉業の成就は、国家の技術力と組織力を象徴するものです。だからこそ、宇宙で何を達成したかは、国家の威信に貢献するものです。……私たちは国家計画のなかに、一九六〇年代の終わりまでに、有人月探査を行うという目的が含まれるべきであると考えます」

五月一〇日、ケネディはこの覚書に書かれた計画を承認した。

その二週間後、五月二五日、ケネディ大統領は、アメリカと人類の歴史に記憶されるべき重大な決意を固めた。「国家の緊急の必要性」と題する、議会に対するその演説は述べている。

――「今や偉大な新しいアメリカの事業に大きく足を踏み出す時である。いろいろな意味で地球の未来を握るカギとなる宇宙の偉業に、この国がきっぱりとした指導的役割を演じる時である。私はこの国が、六〇年代のうちに人間を月に着陸させ、無事に地球に帰還させるという目標の達成をめざすべきだと信ずる。この期間に、人類にこれ以上の感銘を与え、また宇宙の長期的開発にこれ以上の重要性をもつ宇宙計画は考えられない。そしてこれほど達成するのが困難で、金のかかる計画もないであろう」

アメリカの議会と国民は、歓呼の声を上げて、この演説を迎えた。議会は憑かれたように活発な活動を始めた。まずこの新しい計画を実行する準備をするために、NASAに一七〇億ドルの小切手が提供され、NASAのジム・ウェッブ長官は、全米の産業界・科学界から最高の頭脳のスカウトを開始した。彼の巧みだったところは、全米に広がった各選挙区に平等になるよう配慮しながら、多くの人材との雇用契約を結んだことである。そのためこの計画は、広範な人びとからの熱狂的支持を獲得した。

二万人の出向社員、四万人のエンジニア、そして多くのマネージメントのスペシャリストたちが、NASAの求人需要に吸収されていった。人間を乗せて月へ向かう巨大な「サターン・ロケット」の建造は既にフォン・ブラウンに委嘱されており、有人月着陸の計画は「アポロ計画」と名づけられた。

ジョン・グレンの軌道飛行

この競争はアメリカにとって真剣勝負であった。ところが、その第一の競争相手であるコロリョフには、この競争を国家の重点施策にしてくれるケネディもジョンソンもなく、政治的障害と闘ってくれる理解力あるジェームズ・ウェッブNASA長官もいなかった。さらに大きかったことは、コロリョフは行政上の責任と開発上の責任の両方を負っていたが、アメリカの場合は、それらの責任をNASAのいくつかのセンターや多くの企業とで分かち合っていたことだった。それにコロリョフは、弾道ミサイル開発、R-7ロケットの改良、通信衛星モルニヤやスパイ衛星ゼニットの開発、そして火星と金星の無人探査の仕事まで遂行していた。

しかし私たちは再び時間をもとに戻そう。とりあえずアメリカでは、アラン・シェパードについで、レッドストーン・ロケットがガス・グリソム飛行士を乗せて再び弾道飛行に成功し、その使命を終えた。ケネディの決断に鼓舞されてはいたが、一九六一年の夏、月への道はまだ舗装を始めたばかりだった。

その六〇日後、ソ連はゲルマン・チトフ飛行士を乗せたヴォストーク2号を打ち上げ、五トン近くもある宇宙船でまる一日宇宙を飛び続け、地球を一七周した。ここに至ってアメリカは、一九六一年中にどうしても人間を軌道飛行させなければならない状況に追い込まれた。

それにしても、アメリカが人間を地球まわりの軌道に運ぼうとしているアトラス・ロケットは、ICBM（大陸間弾道弾）としての実績はあるものの、その外板が薄いため、マーキュリー宇宙船を乗せると何度も爆発を繰り返していた。アトラスの脆弱なシステムに多くの根本的な改良が施された。そして一九六一年九月一三日の完璧なテスト飛行、一一月二九日のチンパンジー「イーノス」の二周軌道飛行を経て、ジョン・グレン飛行士が「フレンドシップ・セヴン」に乗り込んだのは、一九六二年二月二〇日のことだった。

全アメリカの注目のなか、巨大なアトラス・ロケットの三基のエンジンが轟然と炎を吐き出したのは、この日午前九時四七分。

グレンは気づかなかったが、地上管制センターでは、一周目の軌道飛行が終わる頃、グレンが重大な危機に陥っていることを察知した。「フレンドシップ・セヴン」の耐熱カバーを留めているコネクターが弛《ゆる》んでいることがわかったのである。もしこのままだと、大気圏再突入の際の四〇〇〇度の熱で、グレンは生きながら火葬にされてしまうことは明らかである。帰還に当たって、グレンは手動操縦の覚悟をしっかりと固めた。

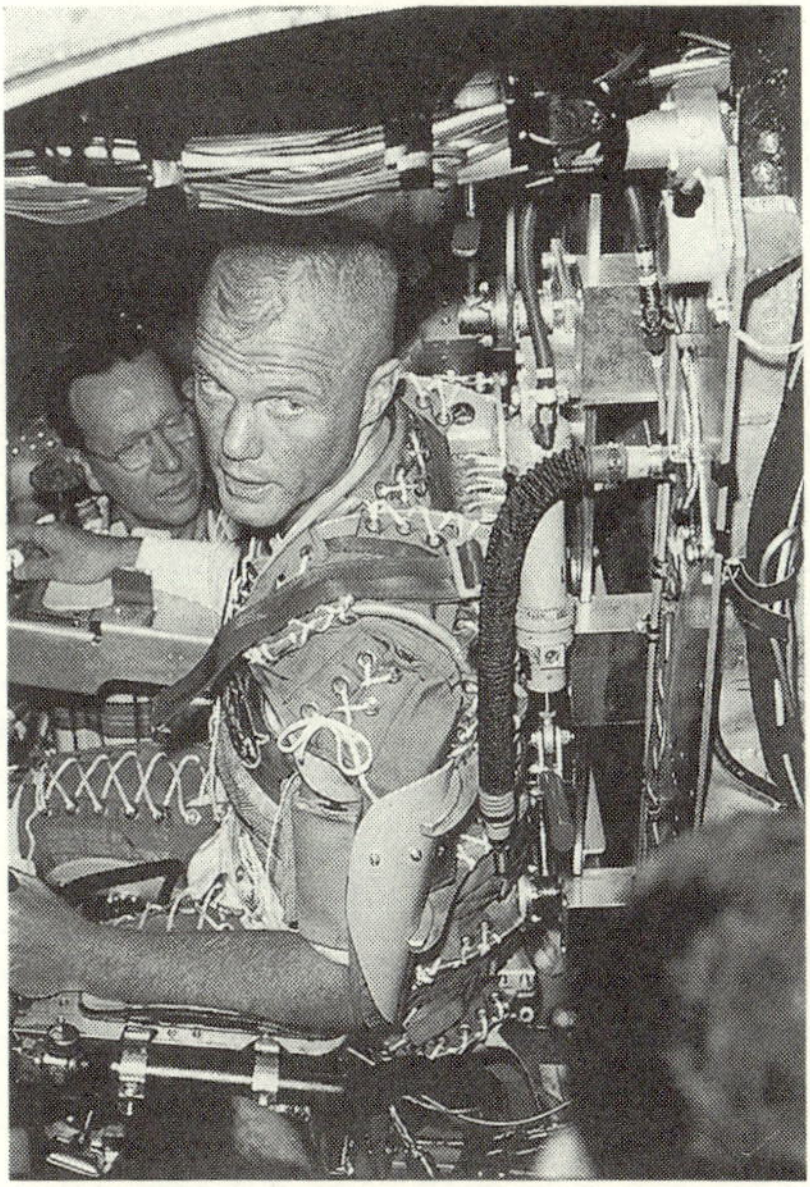

マーキュリー宇宙船に乗り込むグレン

打上げから四時間目、カリフォルニアの上空。逆推進ロケットに点火、「フレンドシップ・セヴン」は大気圏に突入した。機体が左右に揺れる。激しく燃え上がりながら地球へ突進する一個の火の玉の真っ只中で、グレンはどんどん高まってくる熱とカプセルの横揺れを気にしながら、必死に翼のない乗り物を安定させることに専念していた。この間、マーキも途絶えたままだ。地上局との連絡

ュリー管制センターのアラン・シェパードは、死に物狂いの宇宙の友へ空しい絶叫を送り続けていたそうである。

そしてこの孤独な四分二〇秒の闘いに、グレンはついに勝利した。七Gの加速度のなかで、カプセルの激しい横揺れをスラスター（推力装置）で補正し、手動で補助パラシュートを開き、彼は回収を担当する駆逐艦ノアに近い海面に着水したのである。

グレンは、リンドバーグのように歓呼をもって迎えられた。ワシントンでは二五万人の人が、豪雨のなかで彼を見ようと群がり、さらにニューヨークでは四〇〇万人が怒濤のようなパレードで彼を歓迎した。

どうやって月へ行くか——四つの提案

ケネディ大統領の歴史的演説から数カ月が経っても、月への宇宙船を巨大なロケットで運ぶという一つの点を除いては、月への飛行計画は明確なものにはなっていなかった。人間を地球周回軌道あるいは地球周辺へ打ち上げ、月への軌道に投入する。月面に降下し、月面活動の後に月から飛び立ち、地球への帰還軌道に乗り、最後に地球に降り立つ——この一連の手順は不変だが、それを実際に遂行する具体的な方法については、さまざまな提案がなされていた。ただし打上げロケットについては、少なくとも一〇〇〜一二〇トンくらいの積荷を地球低軌道に運べるものが前提とされていた。

後に「サターンV」と呼ばれることになる大型ロケットは、フォン・ブラウンが一九五三年に考え始め、一九五五年以降に同僚と議論を開始し、一九五八年に現実の開発をスタートさせたものだった。計画の進行につれて、それは「サターンI」と「サターンIB」を生み、最後に「サターンV」に成長した。そのエンジン「F-1」はもともと空軍がロケットダイン社と契約して

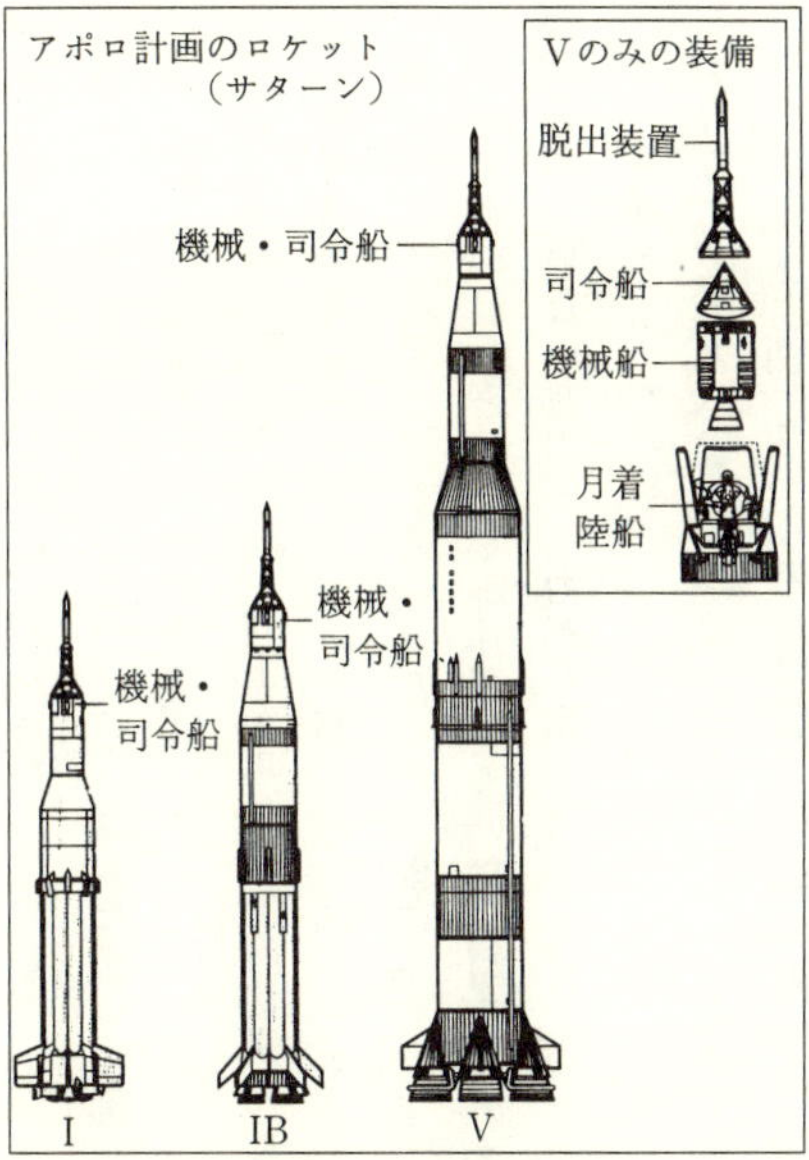

サターンI、IB、Vの比較

	I	IB	V
全長	57.8m	68.3m	110.6m
重量	528t	590t	2900t
地球軌道への運搬能力	10t 高度555km	17t 高度195km	129t 高度195km
月への運搬能力	想定せず	想定せず	45t

作り出したエンジンを源にするものだった。

さて、どのように月へ行こうか？　議論は沸きに沸いた。

ヴァージニアのラングレー研究センターにいるジルルースのスペース・タスク・グループ（STG）が提案していたのは、地上から月まで直接飛んでいく方法だった。ミッションとしてもっとも複雑さのないやり方ではあるが、難点は、ロケットとしてサターンVの二倍くらいのパワーを持つものが必要とされることだった。仮に「ノヴァ」と呼ばれていたこのスーパー・ロケットは、まだ淡い計画としてしか存在していない幻のロケットであり、もし本気で建造しようと思えば、とてつもない費用と労力がかかるだろう。その一段目に予定されていたのが、一つのチャンバー（燃焼室）で六八〇トンの推力を発生するF－1エンジンだった。

ちなみに、一九六〇年一一月に、ジルルースのSTGは、NASAの正式なセンターの一つ、MSC（有人宇宙船センター）に昇格し、一九六二年夏には、既にいくつかの建物ができていたテキサス州のヒューストンに移った。

フォン・ブラウンとそのチームが提唱していたのは、「地球軌道ランデヴー方式（EOR）」だった。それはサターンVロケットを二機（A、B）同時に打ち上げ、軌道上で出会わせる。一機（A）は宇宙船を月へ運んで帰還させるが、地球からの打上げの際に燃料を使い果たすので、もう一機（B）がタンカーとなって燃料を運び、それをA機のカラになったタンクに軌道上で充塡するのである。

フォン・ブラウンがこの「二機打上げ方式」を提案したのは、一つには既に開発に着手しているサターンVの方が、姿の見えていないノヴァよりもコストと時間の両方の面から、ケネディの「六〇年代の終わりまで」に合致するという考慮があったためだろう。しかしそれよりも何よりも、フォン・ブラウンにとって月への飛行は、さらに遠くへ飛行するための一里塚であるという認識があった。現在の段階で手に入りそうな技術で月へ行くための準備を行い、その過程で宇宙船への補給、深宇宙ミッションに備える多段式宇宙船の技術、軌道プラットフォームのメンテナンス、修理・救助オペレーションなど、たとえば火星有人飛行に向けたさまざまな技術上の準備をすることができるという思いである。

これらの「直接方式」「二機打上げ方式」に加えて、「月軌道ランデヴー方式（LOR）」という提案もあった。最終的にはこれが採用されたのだが、このLORという考え方は、新しいものではない。ロシアの宇宙飛行のパイオニアであるユーリ・V・コンドラチュクが、一九一六年と一九二八年の二度に分けて、他の天体を訪問する手法として考えだしていたものだった。またフォン・ブラウンも、『火星計画』のなかで同様のやり方を展開している。一九四八年の『JBIS』（イギリス惑星協会の機関誌）にも、H・E・ロスが月ランデヴー方式を述べている。

その後もいくつか同様の提案がアメリカでなされたが、一九六〇年八月になって、ラングレー研究センターのジョン・C・ホーボルトが、この方法をサターン・アポロ計画に具体的に適用した提案を行った。ホーボルトは、LORによれば、地球帰還に用いるロケットとカプセルを月に降ろす必要がないので燃料を大幅に節約でき、サターンVロケット一機だけでミッションが遂行できると主張した。一九六一年五月一六日、ホーボルトは、LORを採用するよう情熱的な手紙をNASAのシーマンスに送っている。

その頃にはJPL(ジェット推進研究所)が、第四の方式を提案していた。これは、帰還用ロケットの器材、その燃料、月面探査用機器などを別々に運ぶいくつかのサターンVロケットを無人で打ち上げ、月面で器材を使って帰還用ロケットを無人で組み上げ、燃料を注入し、こうした準備が整ってから人間を月に送り込むというものだった。

勇気ある妥協

一九六一年七月にNASAと国防総省が合同で開始した検討会では、EORだけが現実的な案であるとの結論が、同年秋に出された。

ロケットが一機で済むというLORをこれらの委員会が嫌った理由は、月周回軌道でのオペレーションが複雑すぎる上に、そのほとんどが地球局から見えない月の向こう側で行われる点であった。ジルルースは、このコンピューターに大幅に頼りきる方式に、特に不安を覚えていた。なかでも、宇宙船設計のキーマンであるマックス・ファジェイは、ホーボルトの宇宙船重量の見積もりが非常に甘いことに気づいていた（そしてそれは正しかった。ホーボルトの計算した着陸船の重さは四・五トンだったが、結果的には、実際のアポロ11号の着陸船イーグルは一三・六トンにもなったのである）。

アポロ計画のマネージャー会議　写真は1967年のもの。左よりフォン・ブラウン、ジルルース、ミュラー、デーブス

フォン・ブラウンがもっとも優先しようとしたのは、クルーの緊急時の救助であった。チャンスがあるかぎり、飛行士の命をできるだけ救うという考え方は、宇宙飛行の将来を見据えた考え方であり、常に足元を固めながら進み、拙速を嫌うフォン・ブラウンの信念にもとづくものであった。慎重なフォン・ブラウンは、LORや直接方式、JPL案などについての研究も怠ることなく続けていた。

混迷の度を深める月ミッションの方法をめぐる激論の合間に、嬉しいニュースが飛び込んできた。一九六一年一〇月二七日、サターンIロケットが成功裏に打ち上げられたのである。こうした動きのなかで、フォン・ブラウンが推すEOR、ジルルースが推す直接方式、ホーボルトがゴリ押ししているLORがほぼ同じくらいの力で拮抗したまま、一九六一年は暮れた。

しかしその頃IBMが達成したコンピューターの劇的な進歩によって、LORが抱えている不安(月の向こう側で多くのオペレーションを自動で行うことへの不安)が急速に解消されつつあった。ジルルースも、次第にLOR方式に傾いていった。その動揺をフォン・ブラウンは敏感に感じ取っていた。

フォン・ブラウンは考えた。「確かにホーボルトの計画は欠点だらけだ。飛行士の乗る月着陸船に空気をつめていない。すると飛行士は、月面着陸に向けてオービターから分離された後、月での活動を終えてオービターのもとに帰るまで、ずっとあの宇宙服を着ていなければならなくなる。酸素または空気を入れてやるべきだ。大分重くなるだろうが、今の見通しではそれくらいなら運べる力をサターン・ロケットは持っている……」

一九六二年一月、ジルルースはLOR方式に方針転換すると発表した。ケネディの「一九六〇年代の末」を睨んでいたフォン・ブラウンは、ここに至って約二カ月、入念な解析に没頭した後、三月、LORに妥協することにした。クルーの救助の可能性を求めてEORをともに支持してきたハンツヴィルのグループに、フォン・ブラウンは説いた。「大統領の演説の直後にEOR方式で仕事を始めていれば間に合っただろう。あれから議論するだけでもう一年も経ってしまった。

もう時間がない。ここで我々が我を張れば間に合わなくなる。今はMSCとMSFC（マーシャル宇宙飛行センター）が堅固な連携を保って進むことが、一九六〇年代のうちに人間を月に着陸させる唯一の保証だ。ジルルースはLORに転換した。一つの方針をもって今すぐとりかかれば、LORで我々の目的を達成できる。私を信じてくれ」

チームはフォン・ブラウンを信じた。四月、MSCに対してLORでやろうと呼び掛けてから、六月にMSFCの方針転換を公表した。ジルルースとフォン・ブラウンの固いスクラムによる懸命の説得が各方面を納得させ、その年七月一一日、NASAは正式にLOR方式の採用を発表した。また、サターンVの一段目エンジンには、ノヴァのために予定していたF－1を採用することが決定された。フォン・ブラウンの絶妙のタイミングでの「妥協」だった。確かにこの「妥協」がなければ、アメリカは一九六〇年代に月面に人間を派遣できなかったに違いない。

ついに月への道に横たわる最大の障害が取り除かれた。ここから始まる三～四年間が、フォン・ブラウンにとって生涯でもっとも幸せな期間であった。

アポロ計画の全容が決まる

一九六二年末には、月飛行のコンセプトは確固たるものとなった。

三段式のサターンVロケットが宇宙船を地上から運ぶ。その一番上に鎮座するアポロ宇宙船は三つの部分から成る。まず、円錐形の強靭な構造を持つ司令船（コマンド・モジュール、CM）には、三人の飛行士が乗り、誘導・制御・航法用機器、姿勢制御用スラスター、出入口および船外活動用のハッチ、先端にドッキング・ポート、それにパラシュートが装備される。次に、円筒形をした機械船（サーヴィス・モジュール、SM）は、月へ向かう遷移軌道における推進システム、姿勢制御システム、電力供給用の燃料電池とその燃料（液体酸素と液体水素）、飛行士たちの酸素や水その他のサブシステムが積まれる。最後が月着陸船（ルナー・モジュール、LM）で、これは降下用エンジンとその燃料および四本の脚を持つ着陸用の下半分と、はるかに複雑な上昇用の上半分からできている。上昇用システムには、エンジンと燃料、飛行士を収容する生命維持装置を付けた加圧室、出入口であるハッチ、姿勢制御システム、通信システム、ドッキング用ハッチ、ランデヴー用の機器が積まれている。後の話になるが、アポロ宇宙船15、16、17号の三つには、月面車がコンパクトに畳まれて着陸部分に付けられた。

さて、これらの巨大で複雑なシステムで行う月旅行には、どのようなシナリオが準備されたのか。まずサターンVロケットの一、二、

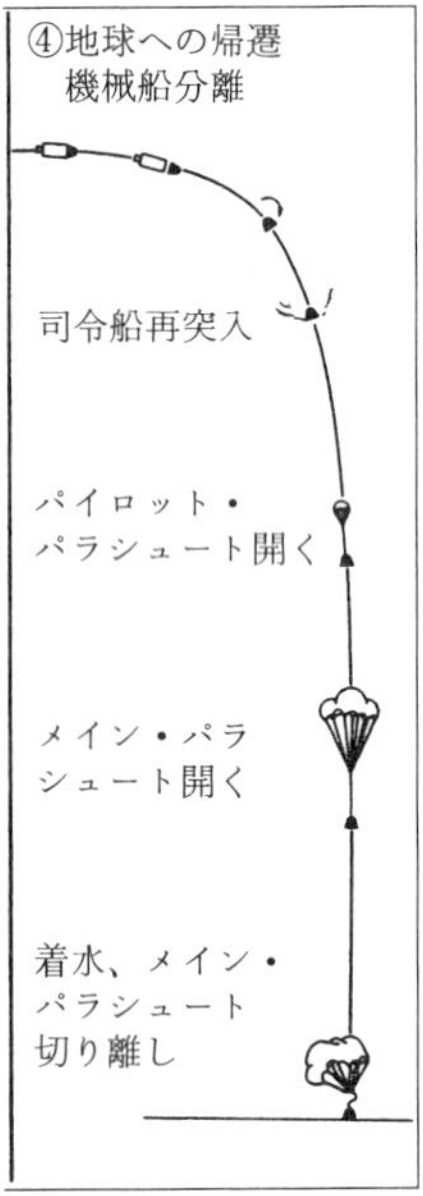

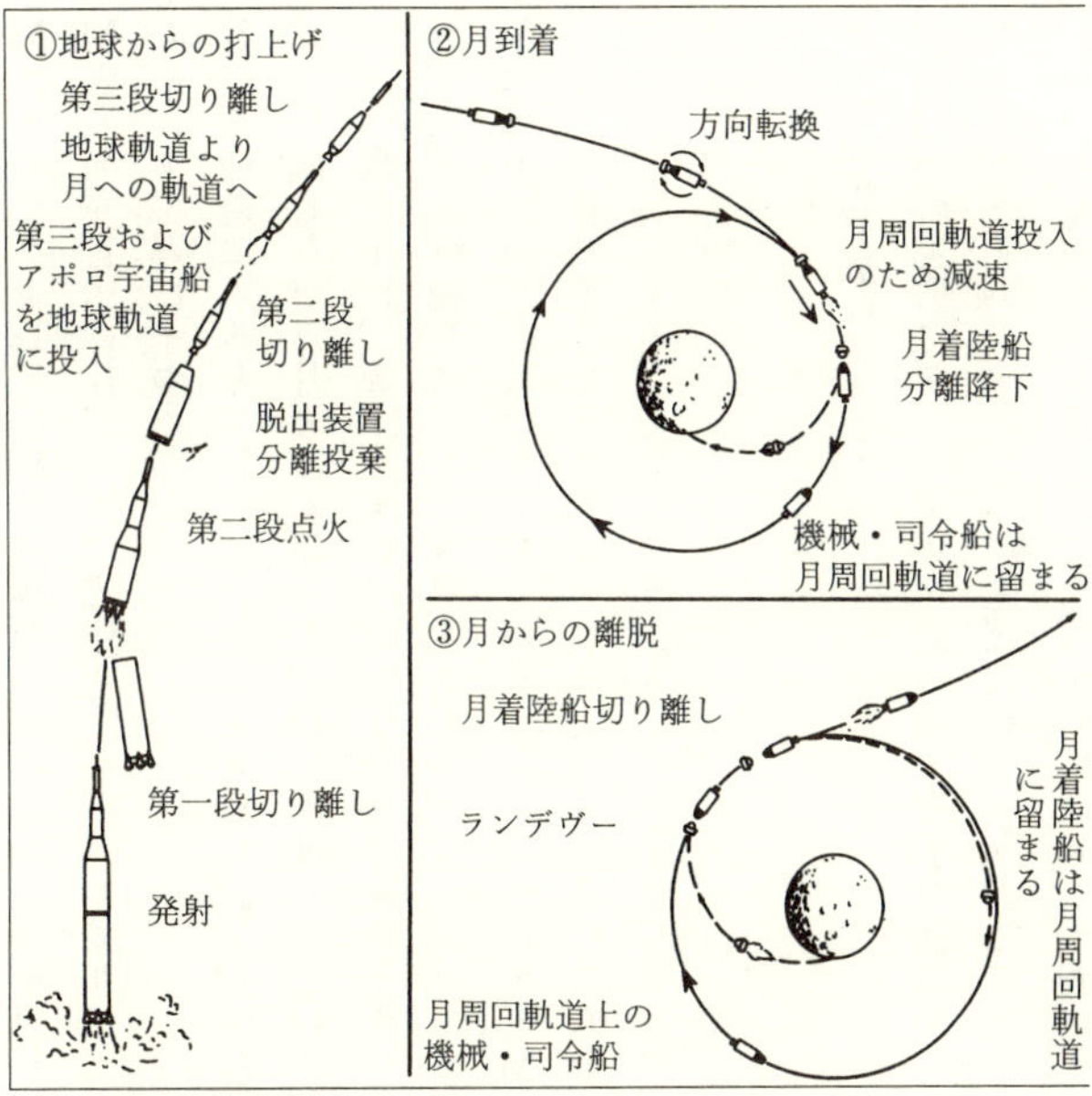

アポロ計画のシナリオ

三段目が、順々に点火され、打上げ後約八分半で地球周回軌道に達する。軌道上で主要なシステムの最後の点検を行い、月への遷移軌道を正確に定める。三段目は再着火後六分間燃えて、宇宙船を月遷移軌道に放りこんでから切り離される。分離された三段目は、制御を失ったまま月面に激突する運命だ。

　三段目が去ってから、CSM（司令船と機械船の結合体）の複雑なオペレーションが開始される。まずCSMがLMから切り離されて少し前方へ加速し、ついでクルリと一八〇度方向転換し、前から

LMとランデヴーし、CMの先端をLMのドッキング用ハッチに結合する。これで飛行士たちはCMとLMを自由に往復でき、居住空間が広がってリラックスできることになる。こうして月までの三日半を過ごすのである。

月周回軌道に入ると、LMは、二人を乗せてCSMから離れ、月面に向けて降下。降下用エンジンで減速しながら月面に着陸する。飛行士は一人だけ軌道上のCSMに残る。月面活動を終えた二人の飛行士は、降下用エンジンを含む着陸船の下半分を発射台に使って上昇用エンジンに点火し、軌道で待機しているCSMとランデヴー、ドッキングする。ここで飛行士と必要な機器がCMに移り、カラになったLMは廃棄される。ついでSMのエンジンに点火され、CSMが地球に向かう遷移軌道に投入される。地球大気に到着する直前、CMとSMは切り離され、CMが敢然と大気に突入する。そしてパラシュートを展開し、着水。

以上がアポロの全計画である。

マーキュリーからジェミニへ

話は飛行の現場に戻る。グレンにつぐ二番手の軌道飛行には、彼のバックアップ・クルーを務めたスコット・カーペンターが選ばれた。一九六二年五月二四日、カーペンターは「オーロラ・セヴン」に搭乗して地球を後にし、大いに飲みかつ食い、山ほど写真を撮って、これまでのどの飛行士よりも飛行をエンジョイした。逆推進ロケットを噴かすタイミングがわずかに遅れたため、予定の場所から四〇〇キロメートルも離れたところに着水してしまったカーペンターは、救命筏に乗ってプカプカと漂流を続け、ついに航空機がラジオ・ビーコンを探知して彼を発見した時、キャンディーをしゃぶっていたそうである。

一九六二年一〇月三日、アトラス・ロケットは、「シグマ・セヴン」にウォーリー・シラーを乗せてケープ・カナヴェラルを飛び立った。彼は六時間の軌道飛行を完璧にこなし、制御用の燃料をたっぷり残して、ミッドウェイ近くで待つ空母から六・四キロメートル以内に着水して、「教科書どおりのフライト」と讃えられた。

後にコロリョフの後継者となるヴァシーリー・ミーシンは、当時「アメリカ側が成し遂げることのできない特別な計画があるか?」というインタヴューでの質問に答えて、以下のように語っている。

――「二機の宇宙船が軌道上でランデヴーするには、それに必要な目標接近装置を装備しなければならないが、それに類似の装置はヴォストークやマーキュリーには存在しない。将来の宇宙船は、宇宙空間でそうした種類の運動に対応する能力が備わったものになる。そのような宇宙船を先に開発した方が、宇宙のリーダーとなる」

それを成し遂げたのは、チトフの飛行の後に飛んだアンドリアン・ニコラーエフ（ヴォストーク3号）とパーヴェル・ポポヴィッチ（ヴォストーク4号）だった。

一九六二年八月一一日、ニコラーエフ飛行士がバイコヌールから飛び立ち、地球を六四周し、翌日打ち上げられたポポヴィッチは四八周回った。そしてこの二機の宇宙船は互いに五キロメートルまで接近し、わずか六分の差でパラシュート着陸を果たした。

一九六三年五月一五日には、マーキュリー計画のフィナーレを飾って、ゴードン・クーパーが「フェイス・セヴン」によって飛び立った。彼は地球を一九周もしたので、人工衛星軌道でアメリカ人として初めて眠りに落ちた。しかし彼も電子機器のトラブルのため、手動で大気圏再突入を切り抜けなければならなかった。三四時間を超えるクーパーの宇宙飛行は、NASAの宇宙計画が順調に進行していることを世界に告げた。

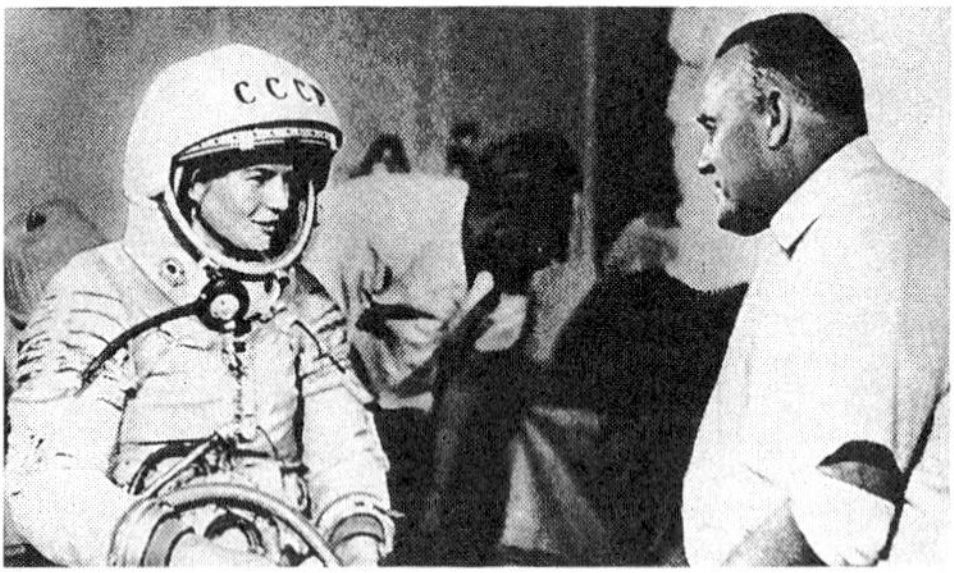

テレシコーヴァとコロリョフ

クーパーの帰還から一カ月後の六月一四日、ソ連のヴァレーリー・ブィコフスキーがヴォストーク5号に乗って、宇宙に一一九時間も滞在し、しかも彼がまだ軌道上にいる間に、今度は世界

ケネディ大統領のケープ・カナヴェラル訪問　1963年11月16日

初の女性飛行士ヴァレンチーナ・テレシコーヴァを乗せて、ヴォストーク6号がバイコヌール宇宙基地を後にした。彼女は軌道上から「ヤー、チャイカ（わたしはかもめ）」と地上へ語りかけ、世界中の話題をさらった。

フロリダに建設中の月ロケット発射場をケネディ大統領が視察に訪れたのは、一九六三年一一月一六日のことだった。ここでケネディは、フォン・ブラウンの案内で、巨大なサターンI型ロケットを見た。一九六一年に初飛行をしたこのロケットは、打上げ時の推力が五八〇トン、地球周回軌道に一〇トンの積荷を運ぶことができた。

この建設中の発射場には、やがてサターンV型というお化けロケットが据えつけられるはずだった。しかしケネディは、計画の発進にみずから火をつけたこの月への人間の飛行を、生きて目にすることはなかった。彼がダラスのパレードで暗殺者の凶弾に斃れたのは、その視察の六日後のことだった。

ケネディ大統領の死は、アメリカ国民を大きな無気力に陥れた。とりわけアポロ計画の前途には不安のベールがかかっていた。しかしその頃、アメリカはマーキュリー計画、ソ連はヴォストーク計画が一段落したところだった。一年以上も人間の飛行が中断されたのは、両国ともに、ちょうど飛行計画の見直し・再編の時期に当たっていたからである。

一人乗りのマーキュリー宇宙船は、果たして人間が宇宙で生活・活動できるかどうかを試す任務を持っていた。しかしそれに続く有人飛行ミッションは、宇宙でもっと自在に動き回って好きなところに移動することができなければいけない。そして月面に着陸して帰還するためには、どうしてもランデヴー・ドッキングの仕事をやり遂げるノウハウを獲得しなければならない。宇宙遊泳もできなければならないだろう。

「生存性」から「操縦性」へ——二人乗りのジェミニ計画はこうして誕生した。ジェミニ宇宙船は、タイタンII型ロケットの先端に乗せられ、無人のテスト飛行を順調に二度こなした。そしてNASAはその宇宙船の有人処女飛行を、一九六五年三月二三日と決めた。

有人の一番機、つまりジェミニの3号機のクルーとして、躊躇なく選ばれたのは、マーキュリーの時もトップバッターを務めたアラン・シェパードだった。同乗者は、二期生のトップをきってトム・スタッフォード。サターン・ロケットの建造という至上命令が下っていたフォン・ブラウンは、ジェミニ計画には加わらなかった。

フルシチョフのあせり

マーキュリー宇宙船の頃から、ソ連は多少の脅威を感じてもいた。そしてその後に二人乗りのジェミニ宇宙船が続くことは、一九六一年末頃からアメリカの公開文献によって広く知られていた。

コロリョフの後継者となったヴァシーリー・ミーシンによれば、「コロリョフを中心とする当時のリーダーたちの見解では、単座式の宇宙船に搭乗する一人の飛行士では、火星はおろか月飛行も不可能でした。そこでコロリョフの設計局としては、一部を改造すれば複数の宇宙飛行士を月面に送ることもできる有人宇宙船ソユーズの開発に血眼になっていたのです」。

しかし時間的にジェミニとの競争に勝つためのソユーズの準備が整わないうちに、アメリカの情勢を重視したフルシチョフの要請がコロリョフに「電話で」届いた。

フルシチョフは「ただちに三名の宇宙飛行士を発進させろ！」と命令したという。コロリョフはこの命令を政治的に利用した。拙速を嫌うコロリョフにしては珍しいことながら、彼はフルシチョフに対し、来るべき人間の月面着陸をめざすN-1ロケットの建造計画に対して現行よりも強力な支援を受けることを条件として、単座式のヴォストーク宇宙船のなかに三人の宇宙飛行士を詰め込むように改装した安普請の宇宙船ヴォスホートによって、とりあえずアメリカを凌駕しようと試みたのである。

しかしいくら政治的に「緊急発進」が必要だったとはいえ、ヴォスホートは額面どおりの新型宇宙船ではなかった。固体推進剤を用いた逆推進ロケット、六〇〇キログラムも増えた機体重量など、ヴォストークよりも機能が充実してはいたが、これはあくまでもヴォストークの粗末な改良型であった。

宇宙服を着た搭乗員を三人もヴォスホートに収容することなどまったく不可能だった。「それならば、宇宙服を外してしまえ！」その結果、宇宙飛行士は宇宙服を着用せずに搭乗した。脱出用の射出ハッチを三個も設けることも不可能であった。「それならば射出装置も降ろしてしまえ！」危険きわまりないことに、打上げ直後も着陸寸前も、ヴォスホートの搭乗員には、緊急時の脱出手段がまったく用意されていなかったのである。

一九六四年五月、基本設計が終了し、八月には「ゴー」の命令が下り、ヴォスホート宇宙船の建造が開始された。このプロジェクトには、はじめ約五〇名のエンジニアが従事していたが、後には測定装置、電気系統などの開発に多数の技術者が必要になって、ついには数百名ものエンジニアが全システムの建造に関わることになった。

当時アメリカはジェミニを開発中であったため、ヴォスホートの開発に携わるエンジニアたちの心には、「宇宙競争に深く関わっている」ことが強く意識されていた。飛行士は宇宙服を着ていないので、すべてを気密式のカプセルに依存して大気の呼吸を続けることになる。気体の混合比を変える一種の浄化手段、つまり宇宙飛行士による二酸化炭素の除去が、与えられた唯一の生命維持システムであった。なくなった気体の再充塡はできなかったのである。

着陸時に宇宙飛行士を射出する装置が装備できない点については、天才設計者セヴェーリンの案に沿って、パラシュートと、再突入時のカプセルを毎秒一メートルまで減速して着陸させる小型の逆推進ロケットを採用することになった。これは危険とも言える不確かな対応策であった。

着陸時にロケット・エンジンが点火されるため、パラシュートに引火するのではないかという危惧はコロリョフも持っていたが、セヴェーリンが、火災の危険が少ないこと、また仮に火災が発生してもキャビンが熱遮蔽体として機能することを強く主張したため、最終的にはコロリョフが、断腸の思いで実験に着手することを決断した。

ヴォスホートの旅立ち

打上げのわずか六日前に行ったコスモス47号による一度かぎりの無人飛行だけで、一九六四年一〇月一二日には、フェオクチーストフ、ヴラジミール・コマロフ、そして医師として史上初の宇宙飛行に挑むボリス・エゴーロフを乗せたヴォスホート1号が一六周の軌道飛行に旅立った。それはプロジェクト承認後わずか七カ月の驚異のトライアルであった。

世界は再び喝采した。あたかも三座席の宇宙船であるかのように吹聴されたし、コロリョフのチームも、「三人乗りカプセルのテストによって作業効率とチームワークの観察、技術的および科学的データの収集をすることができ、科学者と医師の直接参加によって長期の宇宙飛行に応用可能な生物医学情報の広汎な収集が可能となった」などと発表した。

しかし実際には、宇宙にいる間、三名の搭乗員は何もしなかった。彼らは座席に縛り付けられていただけであった。命がけの危険きわまりない飛行であった。だが西側は、ソ連が複数の搭乗員を収容する宇宙船を確保したとの結論を引き出してしまった。適切な救命手段もなしに搭乗員を宇宙に送り出したことなど、誰も気づいていなかった。終わってみれば、この危ういヴォスホート計画を、ロシアは巧みにやってのけたのであった。

それにしても、ヴォスホートが地球に帰還した翌日の一〇月一四日に、この宇宙飛行を命じたフルシチョフが失脚したことは皮肉と言うほかはない。

コロリョフと同じように、NASAも一九六三〜六四年の同じ時期に、計画の遅れにつながる技術的な問題にぶつかっていた。けれどもNASAは、議会の財政的な支持を欠くようなことはなかった。対照的に、月計画に対するフルシチョフの支持は常に不安定であり、彼はコロリョフのすぐ次にチェロメイを常に代替として配置していた。

一九六四年一〇月にフルシチョフが支配者の座を追われた時、コロリョフは再びN-1に対する支持が不安定なレオニード・ブレジネフとやりあわなければならなかった。

一九六五年三月には、こんな話があった。コロリョフはバイコヌール基地からブレジネフに電話していた。ちょうどヴォスホート2号の打上げ直前であり、この飛行でアレクセイ・レオーノフが最初の船外活動をしようとしていた。ところがその前に行われた無人のテスト飛行には失敗した。船外活動でNASAに先を越されるかもしれないと恐れていたブレジネフが「レオーノフの飛行を遅らせる必要はない」と言うのに対し、コロリョフの主張は明快できっぱりとしていた。「私は技術だけではなく、人やプロジェクト全体についても責任があります。テスト計画を完了するまでは進行させたくありません。失敗した後で、誰かが『私ならうまくやれた』と主張するのを支持するようなやり方をなさるのなら、誰かをここに派遣して私を更迭したらいいでしょう」。コロリョフのもっとテストをしたいという主張に、ブレジネフは同意した。

コロリョフが考えた宇宙遊泳計画は、本来それほど急ぐ計画ではなかった。最初の船外活動は、人間の宇宙遊泳の前に犬を船外に放してみるなど、もっと用心深く、また段階的な計画だったはずだが、アメリカ側のジェミニによる船外活動の計画の噂が、結果的にロシア側の行動を急がせてしまったのであろう。実際には、レオーノフが宇宙船の外へ出た時点では、NASAの船外活動は計画さえされていなかった。

ヴォスホート1号からわずか五カ月後の一九六五年三月一八日、パーヴェル・ベリャーエフとアレクセイ・レオーノフがヴォスホート2号に乗って飛び立った。レオーノフは一七周回に及ぶこの飛行において、二一分間の船外活動を演じた。ジェミニ3号に搭乗したガス・グリソムとジョン・ヤングの二人が、軌道周回飛行を行ったアメリカ人初のペアとなったのは、そのわずか五日後であった。

レオーノフが使用したエアロックは、開放時に両側が宇宙に露出してしまうような出入口ハッチではなく、ヴォスホート2号の側面にストーブの煙突のような形の直径一メートルのシリンダーを角度をつけて取り付けたものだった。このシリンダーは肉厚のゴム状の素材で作られ、蛇腹式で、打上げ時にはカプセル内の耐熱ガラス繊維の下に収納されている。そしてこれには、通常の地上の大気圧から宇宙の真空状態まで気圧を制御できる圧力調整装置が備えられていた。

レオーノフの船外活動用の宇宙服を設計したセヴェーリンは、その当時のことを思い出して、次のように語っている。

――「確か設計に着手したのは一九六四年の五月か六月頃でしたが、宇宙服を完成させるまでに残された期間は、九カ月たらずでした。宇宙服を余分に作り、レオーノフの飛行の一カ月半前にそれをテストとして無人で打ち上げました。宇宙船は周回軌道に入り、加圧チェンバーの作動が始まり、宇宙服を加圧しましたが、通信不能ゾーンが始まったので、次の周回まで待ちました。ところが宇宙船は二度と現れなかったのです。何が起きたかは誰にもわかりませんでした。やがて宇宙船が壊れてしまったことが明らかになりました。地上局からのメインのコマンド信号とバックアップ信号が組み合わさった結果、宇宙船が非友好国に着陸しそうになった場合に起動する自爆システムが働いてしまったのです」

したがって宇宙服のテスト結果が得られていない状態で、しかもアメリカの宇宙遊泳が迫っているその時期に、目の前には二つの道があった。一つは改めてテスト・プログラムを実施する道であり、このためにはさらに六カ月を要する。もう一つは、慎重に本番の実験を進めてしまう道であった。コロリョフはこの時セヴェーリンの判断に任せるという行為に出た。彼に寄せる信頼がいかに大きいかを物語る展開である。

セヴェーリンは、中途半端になったテスト・フライトのデータを分析し、地上での実験結果と比較し、打上げを延期する理由はないと判断した。深夜、バイコヌールのコロリョフの自宅に電話したセヴェーリンは、コロリョフの自分に寄せる信頼がいかに大きいかを感じ、感動とともに連邦委員会に報告。連邦委員会はセヴェーリンの提案を受理した。

レオーノフ宇宙を泳ぐ

かくてレオーノフは宇宙服のテストが不十分なまま、船外へ出ることになった。

レオーノフは、エアロックの内部に入り、母船の方のハッチを閉めた。エアロックの圧力抜きが始まっている間に、レオーノフは命綱の端の鎖をエアロックの内側に結びつけ、圧力計がゼロを示した時、宇宙へつながる上部ハッチを開けた。ゆっくりとハッチをくぐり抜けたレオーノフは、宇宙船内で待機している船長のパーヴェル・ベリャーエフ飛行士に、「行くぞ」とひとことと無線で声をかけ、バックパックを背負ってフワフワと宇宙船から離れて行った。

「人間が宇宙に浮かんでいます！」——ベリャーエフ船長の上ずった声の実況報告を耳にして、モスクワ郊外の飛行管制センター（ツープ）は大きな歓声を挙げた。

この模様は、テレビを通じて世界に流れた。数年後まで明らかにされなかったのは、レオーノフが危うくエアロックに戻れなくなりかけたことである。彼の宇宙服が膨張し過ぎたため、それを減圧し自分を小さくして開口部を抜けて機内に戻るまでに、一二分間もの苦闘を強いられたのであった。

飛行中に現れた第二の異常は、二人の帰還時に自動再突入装置が故障したことであった。管制センターにいた人びとは、一体何が問題なのか、よくわからなかった。多くの憶測や血迷った提案が飛び交い、明らかに皆がナーヴァスになりかけていた時、コロリョフが管制室にやってきて指揮権を掌握した。彼はその場を静粛にさせ、全員を席に着かせた。そして管制システムの担当者の言い分を冷静に聞いた。可能性のある原因と今後の対応についての提案を求めた上で、コロリョフのくだした決断は「手動降下」であった。

この時の「宇宙船内部と地上の管制室に、通常のビジネスライクな雰囲気を回復させるコロリョフの冷静さと自信に満ちた口調は、驚嘆に値するものだった」（地上で管制を担当したアレクセイ・エリセーエフの弁）。

宇宙遊泳に成功し、帰還後、モスクワ市内をパレードするレオーノフ（右）

コロリョフは決定事項を自分で飛行士に伝えた。宇宙船は余分に一七周目の軌道飛行を行い、ベリャーエフに逆推進ロケットの手動点火を準備する時間的余裕を与えた。二人の乗ったヴォスホート2号は、見事に着地したが、その地点は予定よりも約二〇〇〇キロメートルも離れたペルム付近の深い雪の上であった。

カプセルは、雪面から三メートルほど突き出た二本の大きな樅《もみ》の木の間に挟まった。飛行士はハッチを開いたが、出ることができずそのまま機内に留まった。数時間後には回収用ヘリコプターが到着したが、積雪が深く樹木が密集しているので、安全な着陸は無理である。周囲に狼が吠える異様な雰囲気のもと、ベリャーエフとレオーノフは極寒の機内で一夜を過ごすはめとなった。

翌朝、コロリョフ自身がヘリで派遣したレスキュー隊は、縄梯子を使って地上に降り、約二〇〇メートルをスキーで進み、カプセルに到着した。やっとの思いでカプセルから脱出した飛行士とレスキュー隊員は、共にスキーでヘリコプターにたどり着き、そこで第二夜を過ごすことになったが、今度は食料とテント、暖かな衣服などが用意されていた。コロリョフは捜索の指揮官と定期的に交信を続け、救助任務が完了した時などは、ユーモアたっぷりに「次の任務は、連邦委員会に半キログラムの精神安定剤を届けること」と言ったそうである。

レオーノフの二一分の偉業は、一九六五年六月三日、アメリカのエド・ホワイト飛行士がジェミニ4号で継いだ。ホワイトは携帯型の窒素駆動の反動推進エンジンを駆使して宇宙を動き回ったが、地球への帰還時には、コンピューターの故障の結果、やはり手動による再突入を強いられたのであった。

第7章　ジェミニ計画とコロリョフの死

ケネディの暗殺とともに始まったアメリカのジェミニ計画が、月面着陸のための技術を着実にマスターしていくなかで、依然として月計画を一本化できないソ連では、その総帥コロリョフが急死する。コロリョフの課題を引き継いだミーシンは、フォン・ブラウンのサターンVロケットに対抗するN－1ロケットの完成を急ぐ。月面へのラスト・スパートは予断を許さない壮絶な闘いになっていった。

ランデヴー・ドッキングへの挑戦

レオーノフの宇宙遊泳に対するアメリカ国民のショックは非常に大きなものだった。アメリカが、一人乗りのマーキュリー計画を終了し、二人乗りのジェミニ宇宙船でランデヴー・ドッキング等のさらに高度な技術を蓄積しようとしていた矢先のことである。既にジェミニ宇宙船は、タイタンIIロケットによって無人のテスト飛行を二度にわたってこなし、いよいよ有人飛行を始める直前だった。

このジェミニ3号の飛行直前になって困った事態が持ち上がった。船長のアラン・シェパードが激しいめまいに襲われるようになったのである。そしてバックアップチームのガス・グリソムとジョン・ヤングがジェミニ初の有人飛行に送り込まれることとなった。ところで、このジェミニ3号に乗り込んだ二人は、いささかNASAの高官を怒らせる悪戯をした。打上げをあと数日に控えたココア・ビーチの惣菜屋ウォルフィ。グリソムはコンビーフ・サンドイッチが大好物だったので、ヤングが素晴らしいことを思いついた。ウォルフィの店内に長い梯子を立てかけ、その一番上から、コックが作ったコンビーフ・サンドイッチを次々と自由落下させたのである。

何のためにそんなことをやったのか？　宇宙船のなかでパンがバラバラになると困るからである。パン屑が飛行士の目に入ったり、船内の機器の故障の原因にもなりかねないからだ。ヤング飛行士は、落下させたサンドイッチのなかで、一番バラバラにならなかったのを選んで、宇宙船にこっそり持ち込み、グリソム飛行士にプレゼントした。グリソムがにっこりと微笑み、それをパクついたことは言うまでもない。これを耳にしたNASAの医師団は、急いでNASAの高官のもとへ抗議に出かけ、果ては国会議員までが騒ぎだす始末となった。

一九六五年三月二三日の地球出発後は、宇宙船の全システムを実地点検し、制御用スラスターもすべて噴かし、高度の異なる軌道間の移行にも成功し……とミッションを完璧に果たしたにもかかわらず、二人はNASAから渋い顔で迎えられた。実に人間臭い話ではある。

マーキュリー計画やジェミニ計画が軌道に乗るまでは、たとえば「人間は無重力になると気を失い、少なくとも四日間は意識がもどらない」とか「人間が宇宙船の外に出ると、目がくらんで方向感覚がなくなる」など、地上での勝手な推測が幅をきかせていた。このうち無重力の話はマーキュリーが実地に反論したし、船外活動についてもエド・ホワイトが「目がくらむ」ことなく遂行した。以後ジェミニ計画は、月への人間の着陸に向けて、一つずつ技術的に新しい課題をこなし、人類の無知を乗り越えていったのだった。

エド・ホワイトの試験的な宇宙遊泳についでは、ドッキングが目標に選ばれた。その前にまずジェミニ5号が、一九六五年八月二一日、長期の宇宙飛行に人間が耐え得ることを立証する旅に出た。「八日間飛び続けるか、さもなきゃ失敗だ」というのが、ジェミニ5号に乗り込んだゴードン・クーパーとピート・コンラッドの合い言葉だった。一日目、マスター電源である燃料電池が故障、五日目、姿勢制御用エンジンが故障して三日間にわたって宇宙を漂流、この二つの事故は飛行中に「自然治癒」したが、帰還時になってコンピューターが故障したため、ジェミニ・カプセルは回収艦から一七〇キロメートルも離れた太平洋上に着水した。試練を乗り越え、二人の飛行士は、人間が長期の飛行に十分に耐え得ることを立派に証明したのである。

ジェミニ6号と7号のドッキング　1965年12月15日

一九六五年一二月一五日に打ち上げられたジェミニ6号は、当初は無人の衛星アジーナに接近してドッキングする予定だった。ところがアジーナが軌道へ向かう途上で爆発してしまうという事故が起きてしまう。苦慮の末NASAは、6号に先立って一二月四日に7号を打ち上げておき、それを6号に追跡させるという窮余の一策を敢行した。

オリオン座を導きの星座として航行していた6号が、軌道を後方から追ってくる7号を視野に捉えた時、7号は既に一一日間の軌道飛行をしていた。二機のジェミニは編隊を組み、五時間にわたって宇宙のランデヴーを楽しんだ。一機ずつ旋回をして相手に見せたり、お互いに相手の周囲を回り合ったり、宇宙船どうしが二〇センチほどの距離まで接近したりした。そしてドッキング技術の遂行は翌年三月まで持ち越された。

つのるコロリョフの不安

一九六四年後半に至って、コロリョフは、地球軌道上での組立を使うという、彼の元からの計画を引っ込めた。その代わりに、N－1ロケットによって二人乗りの宇宙船を直接月に向かって打ち上げ、宇宙飛行士一人を月に着陸させる一方、二人目は月の軌道に残しておくという計画を採用した。アメリカと類似の案である。それにともなって、N－1の搭載能力の目標が七五トンから九二トンに引き上げられた。打上げ重量は、二二〇〇トンから二七〇〇トンに増大した。六基のNK－33エンジンが付け加えられることになり、第一段は合計三〇基になった。

コロリョフはもっと大きなエンジンを開発するべきだったかもしれない。N－1の第一段に使われた三〇基のエンジンを制御することはたいへんな仕事である。サターンの第一段はわずかに五基のエンジンだったのである。

しかし厄介はソ連の国内に渦巻いていた。一九六五年に至ってもなお、コロリョフに激しいライヴァル心を燃やすチェロメイとミハイール・ヤンゲルが、N－1計画への代替案を提案していたのである。コロリョフの立腹は疑いもないことだった。サターンVの開発は順調であったが、ロシアではいまだにN－1以外のシナリオを楽しんでいたのである。

安普請のヴォスホートとは異なり、宇宙船の技術においてジェミニは偉大な進歩を達成した。マーキュリーのほぼ三倍の重量で、約四トンに近かったが、それでもヴォスホートよりは一トンあまりも軽かった。二名の宇宙飛行士が搭乗する座席は「小型スポーツカーのフロントシート」に匹敵し、機体に搭載した推進装置で空間を運動し、レーダーでのランデヴーを実現することもできる。そうした設計は、後のアポロ月面着陸計画に多大な貢献を果たした。

そしてNASAラングレー研究センターにおいては、エンジニアの一派が、月の周回軌道上で二機の宇宙船にランデヴーを行わせることで、最初に打ち上げるべき機材を大幅に削減できると主張していた。そうすればテクノロジーの開発に要する時間も、併せて短縮されるというのであった。この提案が受け入れられたため、ジェミニは、ランデヴー飛行を徹底的に学習するための宇宙船に変貌した。その典型例は、ジェミニ6号（ウォーリー・シラーとトム・スタッフォード）がジェミニ7号（フランク・ボーマンとジム・ラヴェル）をターゲットとしてわずか二メートル以内にまで接近した見事なランデヴーだった（安定したランデヴーではないが、二〇センチにまで近づいたこともあった）。

一九六五年末にアメリカがジェミニで達成した重要な一連の成果は、疲労と長期の病に苦しんでいたコロリョフをどんどん気弱にさせる出来事の連続であった。月面到達へのレースにおけるロシアの展望は、少しずつ少しずつ暗転していった。

可哀相なことに、コロリョフにはすべての時間を月へのレースに集中し得るだけの自由がなかった。彼は依然として弾道ミサイルの開発や無人の月・惑星探査に対する重要な貢献者であり、それと並行して、スパイ衛星や通信衛星の仕事にも従事していた。コロリョフは、有人宇宙船のテクノロジーにある程度集中しながら、その一部を活用して驚くべき広範囲の責務を実に見事に克服していたのだった。そしてそれが彼の命取りにもなった。

コロリョフ最後の賭け

ロシアのさまざまな科学衛星や軍の早期警戒衛星を設計・製作して一世を風靡した天才設計技師ヴィアチェスラフ・コフトゥネンコは、「もしコロリョフの死がなかったならば、弱点はいろいろあったが、最終的には、N‐1を完成させていただろう」と語っている。

一九六五年の後半、コロリョフは友人アファナシエフに宛てたメモで、N‐1が使う液体酸素とケロシンという推進剤が、グルーシュコの使おうとしている四酸化窒素とUDMH（非対称ジメチルヒドラジン）に比べて、エネルギー効率も費用もはるかに優れているという議論を展開している。さらにグルーシュコのこれまでのやり方に非常に腹を立て、以下のような内容も綴っている。

――「何年もの間、グルーシュコの設計局は、実用の目的で使われるエンジン開発に取り組んでいない。この設計局は世の中の需要からは完全に孤立し、その『活動』を不要な開発のために使い、途方もない額の資金をそのために消費している。いつも良いエンジンに対する重要なニーズがある時に限って、グルーシュコはそうするのである」

コロリョフは、グルーシュコがいつも自分のやることを邪魔すると言っているのだ。

この一九六五年後半には、有人月一周ミッションについて、長く白熱した議論が何度も展開された。チェロメイは、既にコロリョフがN－1を使った月着陸システム開発の認可を受けた一九六四年八月三日の同じ法令によって、月周回の有人宇宙船LK－1の開発の責任者に任命されていた。彼は、LK－1宇宙船によって、一人ではなく二人の宇宙飛行士を月のまわりへ運ぶことを提案していたが、これは改良されたUR－500ロケットの性能にもとづいていた。UR－500は、一九六五年七月一六日、当時のソ連では史上もっとも重かった衛星である一二・二トンの物理学実験室「プロトン」を運んだ。しかし彼の宇宙船LK－1は、具体的進展が何もない。チェロメイの有人システムは、まだ宇宙飛行士を乗せて飛行したことがなかったのである。

コロリョフは、チェロメイのLK－1宇宙船がそのような難しい任務を達成できるかどうか疑問を感じていた。そこで、チェロメイのUR－500Kの上段に、コロリョフがN－1計画で開発中の上段エンジンである「ブロックD」を使い、さらにガガーリンやチトフの飛行経験を考慮してある宇宙船「L－1」を搭載して打ち上げたかった。そうすれば、一九六七年に迫った革命五〇周年を盛大に祝うことができる。そして一二月一五日、この提案がコロリョフの指揮下で進められるべしとの承認を得た。

ここ数年、コロリョフは体が弱っていた。外見は頑丈でたくましく見えるが、数多くの病気に苦しんでおり、とりわけ心臓の問題が彼をもっとも悩ませていた。コロリョフの設計局で診療所をやっていたリヂア・サモーシナが、ある日コロリョフの気分がすぐれないように見えたので、脈をみながら「なにか心臓の薬を服用していますか、ニトログリセリンは必要ですか」と聞き、「ヴァリドールの臭いがする」と言うと、コロリョフは悪戯小僧のような目付きで「おや、やぶ医者が」と答えたそうである。そしてリヂアに「このことは誰にもしゃべらないように」と静かに口止めをしたという。

どんな肉体的活動も彼には疲れるものだった。医者が心臓の不整脈だと診断したので、コロリョフはアカデミー会員のヴラジミール・ニキートヴィッチ・ヴィノグラードフに診てもらったが、仕事にはさしつかえないとの診断だった。

一九六四年二月には心臓発作を起こし、一〇日間入院した。その六日後、激しい胆囊炎でふたたび入院した。コロリョフの体の異変はこれが初めてではない。それより二年前の一九六二年の夏、ニコラーエフとポポヴィッチの乗ったヴォストーク3号と4号が互いに四・九キロメートル以内に近づいた直後、コロリョフは夜中に胃腸の激しい痛みにおそわれ、救急車で病院に運ばれたことがある。

その後も彼のスケジュールはどんどん過密になっていった。一九六五年は特に忙しく、三月にレオーノフの船外活動、四月に通信衛星モルニヤの打上げ、三基の月探査機ルナの打上げという始末だった。この嵐のような日々が過ぎた頃、コロリョフが共産党の会合に現れた。彼は、何人かのスピーチを聞いた後、党の職員ヴラジミール・ラムキンに言った。「もし私が家に帰って横になったとしたら、君はどう思うかね？　私は気分がすぐれないんだ。座っているのがやっとなんだ」。ラムキンが見ると、コロリョフの顔には玉のような汗が浮いていた。ラムキンは急いで彼を車のところまで連れていった。

一九六五年一二月、コロリョフのN－1計画に重ねてチェロメイに有人月一周計画が割り当てられた時も、コロリョフは診断を受け、直腸に出血性ポリープが発見された。一月にポリープの摘出手術をするよう指示されていたにもかかわらず、コロリョフはその予約を月の後半にずらした。驚いたことに、彼は自分の病気を、オフィスの何人かの親しい人たちにさえ隠していた。

総帥の死

一九六六年が明けた。一月四日、アントーニナ（愛称ニーナ）・ズロトニコーヴァは、コロリョフが遅くまでオフィスで仕事をしているのを目撃している。「体には気をつけてくださいよ」と言ったところ、コロリョフは「私はここで、この机で死ぬんだ！」と叫んだという。その次の日の一月五日、彼は国家や党の高官たちが行く特別のクリニックである、通称「クレムリン病院」

に入院した。ニーナは毎日彼を見舞いにきて、医者たちと話をした。余計な心配をする理由はないとのことだったが、コロリョフは耳が聞こえなくなっていることに苛立っていた。おそらくは、バイコヌールでのロケット・エンジンの単調な音のせいらしい。補聴器が与えられたが、それを使うのは拒んだ。

このコロリョフの入院の最中、留守を預かるヴァシーリー・ミーシンは、アファナシエフからの相次ぐ難題の矢面に立っていた。一月七日、アファナシエフは、コロリョフ設計局の欠点についてミーシンを口汚く非難したので、ミーシンは辞表を書いた。しかし、同僚の一人がそれを見て、病院にいるコロリョフに電話をした。コロリョフはすぐにミーシンに電話をして言った。「君は何をしているのだ?」「レポートを書いています」「レポートを破りたまえ。大臣は来て大臣は去る。しかし、我々は自分の仕事に留まらなければならない」

一月一一日、健康省のアカデミー会員ボリス・ヴァシーリエヴィッチ・ペトロフスキーが、ポリープの手術をする前段階として、胃腸の管からポリープの小片を削り取った。このささやかな手術が、止血できないほどの強い出血を引き起こした。

一月一二日、コロリョフは五九歳の誕生日を最悪の状態で迎えた。

ペトロフスキーは、この手術を甘く見ていた。一月一四日朝八時、ポリープを内視鏡によって摘出するため、直腸鏡を使って手術を開始した。コロリョフは手術台の上で血を流していたが、止血できないほど出血がひどかった。ペトロフスキーが出血を止めるために腹部を切開したところ、癌性腫瘍を見つけたが、それはその前には見えなかったものだった。彼は腫瘍摘出のために、直腸の一部を取り去ろうとした。これには長い時間がかかった。コロリョフは麻酔用マスクを八時間つけ続けていた。本来ならば、ペトロフスキーは、ある種のチューブを肺に入れるべきだったが、彼の顎が以前に強制収容所で損傷を受けていたので、チューブを使って挿管することはできなかった。心臓も良い状態ではなかったし、ペトロフスキーもこのことは知っていた。

ペトロフスキーは手術を終えた。そして、コロリョフは蘇生しなかった。もう一人の医者A・ヴィシュネフスキーが保養先から呼ばれたが、何も手を下すことはできなかった。

おそらくは、もっとも難しかったのは、麻酔の仕方である。コロリョフの顎の形が普通と違うため、ペトロフスキーはマスクを使いたくなかった。マスクできっちりとシールできないのである。そこで一般的な麻酔法が使われたが、これに対してコロリョフの弱い心臓がどう反応するのかはわからなかった。心電図は取らなかった。これはコロリョフの心臓を考慮すると、重大な手抜かりであった。手術開始にあたっては、筋肉を弛緩させないよう亜酸化窒素が麻酔薬として使用された。その上の大問題は、この手術に要求されることになった八時間の手術に耐えられるほど十分な亜酸化窒素がないことだった。

コロリョフは異常なほど首が短かった。そして明らかに彼の顎は刑務所で砕かれていたので、口を広く開けることはできなかった。この二つの要素は、チューブの挿管はできないことを意味していた。こういった複雑な状況のすべてが、既に緊張の高まっていた手術室のスタッフに、さらに緊張を強いることになったのであった。

後にペトロフスキーは語っている。「ほかにも複雑な事情があった。一九三〇年代の恐怖時代を生き延びてきた人の手術をする時には、私はこのような現象にかなり頻繁に出合っている。一九三八年の尋問の際にコロリョフが顎を砕かれたということに疑いはないようだ。このため、我々は気管切開、つまりチューブを挿入するために喉を切開せざるを得なかった」

筋肉弛緩剤が注射されたが、それが行われるとコロリョフは意識不明になり、吸入マスクがあてがわれた。気管切開は延期された。コロリョフが大丈夫なように見えたので、一見必要がないように思われたが、それからマスクが付けたり外したりされたので、呼吸は一層困難になり、気管切開が行われた。

もっとも驚かされたのは、腫瘍の大きさであった。それはたいへんに大きく、優にこぶし二つ分もあった。ここに至って、ペトロフスキーは、高名な癌の専門医であるヴィシュネフスキーを探すように緊急の命令を出したのである。この二人の外科医はお互いのことを好きではなかったようだが、相手の経験については尊敬していた。

手術は成功し、医者たちは喜んだが、驚いたことに、ほぼ三〇分後、コロリョフの脈は止まってしまった。手術室を去っていた二人は急いで引き返し、アドレナリン（カンフル剤）注射を打って心臓の鼓動が戻るようにとしゃにむに頑張ったが、功を奏さなかった。

コロリョフは死んだ。

匿名の終わり

いまやついに、ソヴィエト国民に主任設計員は誰だったのかを語る時がきた。もちろん、内部では知られていた。しかし、宇宙飛行士とともにあった栄光と賞賛は、生存中には彼の上に注がれなかった。いまこそ匿名の終わりだ。一月一六日の『プラウダ』紙は、コロリョフのメダルを着けた写真とともに、彼の死を報ずる特集記事を三、四面に掲載した。

ロシアでは、赤の広場で終わる荘重な葬儀は最高のものである。ソ連科学アカデミーの出版物の記事は、その模様を伝えている。クレムリンのソ連政府のビルにある大ホールには、一月一七日に労働者と従業員、科学者とエンジニア、作家、軍部指導者、教員と宇宙飛行士たちが詰め掛け、コロリョフに別れを告げた。高い台の上に花で覆われているのは、コロリョフの遺体が収められた棺であった。上には赤いカバーが掛けられていた。クリスタルの大きなシャンデリアには、喪章が飾られていた。台のまわりには、多くの花輪があった。リボンにはこのような言葉が書かれていた。「偉大なソヴィエト科学者、社会主義者労働英雄を二度受賞、レーニン賞受賞、アカデミー会員、セルゲーイ・パーヴロヴィッチ・コロリョフ」。中央にはソ連共産党中央委員会とソ連閣僚会議からの二つの大きな花輪が飾られ、また科学アカデミー理事会、ソ連の宇宙飛行士、ソ連共産党モスクワ市民委員会、ソ連国防省、ロケット部隊、ソ連空軍からの花輪があった。

コロリョフの棺を担いでクレムリンの壁に運ぶブレジネフ書記長（先頭）**ら**

白い大理石の台の上には黒と赤のたれ布が置かれていた。台の下には科学技術研究のいろいろな部署、モスクワや国中の各都市の企業、設計局、科学関係諸団体、社交的組織等からの花輪があった。

最後に話をした人は、明らかに、コロリョフの死をもっとも深く感じている人だった。それはユーリ・ガガーリン――宇宙飛行士のなかでコロリョフが一番好きだった一人だった。宇宙に行った人類最初の人は、コロリョフの歴史的な位置づけについての彼の見方を次のように表現した。

――「セルゲーイ・パーヴロヴィッチの名前は、人類の歴史のなかでまったく画期的な出来事と結びついています。それは、人工衛星の最初の飛行、月と惑星への最初の飛行、人類による最初の宇宙飛行、そして人類初の自由な宇宙空間への脱出です」

科学アカデミーの記事は、次の文章で終わっている。

――「葬儀は終了した。故人の灰を入れた壺は、クレムリンの壁に運ばれ、雷鳴のような別れの喝采の下で、壁龕《へきがん》のなかに収められた。壁龕は黒色の飾り額で覆われ、そこには次の文字が刻まれている。


セルゲーイ・パーヴロヴィッチ・コロリョフ　1906.10.30―1966.1.14」

ジェミニ計画の終了と英雄の遺した宿題

一九六六年三月一六日に軌道に乗せられたジェミニ8号は、わずか九〇分前に打ち上げられた標的衛星アジーナに五時間後に追いつき、慎重に周囲を回って点検し、8号の先端をアジーナのドッキング・ポートに接触させた。止め金がカチリとはまり、船長のニール・アームストロングが地上に報告した。

「我々はドッキングした。非常にスムーズだった。まったく振動を感じなかった」。ここに歴史的なドッキング技術の成功がもたらされたのだった。

ジェミニ8号は標的衛星アジーナと見事ドッキングしたまではよかったが、次に、ドッキングしたまま軌道を高い位置に移動させる時になってトラブルが生じた。アジーナのエンジンを噴かしたところ、宇宙船がグルグル回転を始め、ジェミニに乗っているニール・アームストロング、デーブ・スコットの二人の飛行士は、一瞬にしてサバイバルとの闘いに放りこまれてしまった。このきりもみ状態の宇宙船を操縦して、地球へ帰還させたアームストロング船長の必死の働きは、有人飛行の歴史に燦然とした光を放つものである。宇宙船の回転は、毎秒五五〇度まで上昇した。この回転がもう少し長く続くと、二人は気を失い、地上からの連絡も途絶え、宇宙船は生きた人間を乗せたまま宇宙の粗大ゴミと化していただろう。

アームストロングは、自分たちが重大な危機にあることをとっさに認識し、ジェミニの推力をすべて切って回転を止めようとしたがうまく行かず、今度は再突入用の姿勢制御システムを作動させることを思いついた。元来このような事態では使ってはならないエンジンである。宇宙船の機能を知り尽くした鮮やかな手並み——宇宙船の回転は止まった。そして彼らは再突入の操縦を手動でこなし、予定地点の海面に着水した。

ジェミニ9号でジーン・サーナン飛行士がエド・ホワイトに次ぐ二番目の船外活動を果たした後、つづく三機のジェミニ（10、11、12号）では、飛行士たちは自分で宇宙船を操縦して標的衛星アジーナを追跡し、ドッキングした。月面を飛び立ち、月周回軌道で待機する母船とドッキングして地球に帰還する「アポロ計画」のための予行演習を行ったのである。

一九六六年一一月一一日、ジェミニ計画のフィナーレを飾るジェミニ12号は地球を後にし、オルドリン飛行士が小道具を使って、楽しそうな宇宙での遊泳を楽しんだ。

名指揮官ロバート・ジルルースに率いられ、二度の無人飛行の後に、一九六五年三月（グリソム、ヤング）から一九六六年一一月（ラヴェル、オルドリン）に至るまで一〇度の有人飛行をこなしたジェミニ計画はここに終わり、アポロ計画は大きな技術的自信の裏付けを獲得したのである。

一方ソ連では——。コロリョフと比較すると、ヴァシーリー・ミーシンのカリスマ性、政治力は非常に小さかった。加えてたいへんな資金不足。それでも彼は、アメリカを打ち負かすためのコロリョフの過大な任務を受け継いだ。ミーシンはコロリョフ設計局の副局長であり、ドイツ以来の同僚であった。任務を引き受けたとき四九歳。コロリョフが彼に遺した課題は三つあった。①二つの有人宇宙船のドッキング、飛行士の相互移乗（ソユーズ計画）、②二名の飛行士による月周回飛行、回収カプセルによる地球帰還（UR-500K／L-1計画）、③一名の飛行士の月面着陸、もう一人の飛行士を乗せて月周回軌道で待ち受ける宇宙船への合流、両飛行士を乗せた回収カプセルの地球帰還（N-1／L-3計画）。

ソ連では、一九六六年にはソユーズ宇宙船が開発段階にあり、有人飛行の予定はまったくなかった。ミーシンの滑り出しは多難だった。既に通信衛星モルニヤは、二度の打上げ失敗の後に二度の成功を収めていたが、ミーシンが任務を引き継いで初めての打上げは、その一一日前のジェミニ8号の成功をよそに見事に失敗してしまったのである。しかしコロリョフが無人月探査を託したラヴォーチキン設計局は、この年二月のルナ9号によって、月の表面が宇宙船の重さを支えるのに十分なほど固いことを発見し、勢いづいたソ連は、三月、八月、一〇月にルナ10号、11号、12号によって矢継ぎ早に月探査を行った。

一一月一六日、ソ連科学アカデミーのケルディッシュ委員会はこれらの成功に支えられ、ミーシンが作成したN－1／L－3計画についての新しい草案を承認した。

アポロのつまずき

二人乗り宇宙船「ジェミニ計画」が一九六六年末に成功裏に終了すると、アメリカの有人月飛行はすぐそこに迫っていると考えられた。しかし、つづく一九六七年は、時のアメリカ大統領リンドン・ジョンソンにとって、厳しい年であった。アメリカ全土の都市で人種紛争が頻発し、「正義」の仮面をかぶりながら続けられるヴェトナム戦争も、死傷者が増えるにつれて南ヴェトナム政府を援助したジョンソン大統領への攻撃の火の手が激しくなっていった。

ジョンソンはホワイトハウスに残りたいと思っていた。とすれば、一九六七年には再選のための布石を打たざるを得ず、「アポロ計画」は離れた有権者の心を取り戻す切札と定められた。選挙戦の期間中にアメリカ人が月へ着陸して帰還することが必要である。彼は、NASAに仕事を予定よりも早く進めさせようと決心した。

当初の予定では、一九六七年一月第一週に始まるアポロ宇宙船の船内システムの総点検のスケジュールの最初にくるのは、無人の宇宙船に一〇〇パーセントの酸素を注入して加圧するテストのはずだった。しかし「背後の巨大な催促」に急《せ》かされて、NASAは、この無人段階のテストを省略し、一月二七日、一足飛びに飛行士を搭乗させてリハーサルを決行することにした。この歴史的任務につくのは、船長のガス・グリソム、エド・ホワイト、ロジャー・チャフィーの三人である。

アポロ宇宙船1号を搭載したサターンIBロケットは、高さ六八メートルにも達する。「ドライ・イン」と呼ばれるリハーサルの準備が整い、各班の入念なチェックが終了し、いよいよロケットと宇宙船が内部の電源で作動するかどうかのテストに移った。燃料供給と実際の点火を除くすべての作業について、リハーサルを行うのである。

宇宙服を着た三人の飛行士がカプセルに入り、体をハーネスで止めた。宇宙船のハッチが閉められ、三人は完全に閉じこめられた。純粋な酸素が船内を満たしていく。圧力計が一気圧強の値を示した。リハーサルが始まり、通信回線が混乱し始め、リハーサルのやり直しが提案されたが、ホワイトハウスからの無言の圧力は、通信のトラブルを無視して強引に作業を進めさせた。

与圧された船室内に五時間以上もとどまった純粋酸素は、船内のあらゆるものにしみ込んでいった。ガス・グリソムのシートの下のどこかで剝き出しになったコードがこすられた。絶縁体が裂け、電流の流れている電線が露出した。そしてスパーク――またたく間に小さな火花は巨大な炎となり、船室全体を包みこんだ。

――「火事だ！」

エド・ホワイトの声に続いて、ガス・グリソムの太い声が聞こえてきた。

――「コックピットが火事だ！」

アポロ宇宙船1号は、三人の飛行士を包んだまま、激しい炎に飲み込まれた。最後に訴えるような悲痛な叫び声。

――「ここから出してくれ！」

それ以後は、何やらわからない言葉や叫びが続き、そして静寂がやってきた。

コントロール・ルームの管制官は、必死で飛行士の名前を呼び続けた。死に物狂いの呼びかけ……しかし応答はなかった。

アポロ1号の宇宙船の底に敷かれたポリウレタンが、大量の酸素を吸収した。その酸素は、火事とともに活躍を始め、飛行士

無残に焼けただれたアポロ宇宙船1号

たちと脱出口の間に、巨大な炎の壁を作り出した。火事が起きてわずか数秒間で、ヘルメットにつながるホースから大量の炎が、三人の鼻・喉・肺に入りこんでいった。三人の肺から空気が急激に吸い出され、命が消え去るまでには、わずか八秒半で十分だった。

事件に衝撃を受けたアメリカ国民は、ベテラン飛行士であるグリソム、ホワイトと、宇宙飛行を命じられた最年少の飛行士である三一歳のチャフィーの死を悼んだ。酸素ばかりだった宇宙船のなかは、地上では窒素で調節できるように改良された。しかし、この惨劇によって、月着陸をめざすアポロ計画は、一年半にわたって立往生することになった。エド・ホワイトは母校のウェストポイント陸軍士官学校に葬られた。ガス・グリソムとロジャー・チャフィーは、ワシントンのアーリントン国立墓地に、仲良く墓碑を並べている。

コマロフの悲劇

アポロ1号の火災によって三人の飛行士を失ったNASAは、計画中止の崖っぷちに立たされた。ヴェトナム戦争、税率の引き上げ、公民権問題、環境保全など国際的・国内的に問題が山積しているこの時期に、人間を月に送り込むなどという夢の課題に二四〇億ドルも投入していいものなのか、国全体の議論が始まった。

反対派は、アポロ計画は金がかかりすぎるので即刻中止すべきだと主張し、多くの有力な科学者も、経費のかからない無人探査でも月を研究できると述べた。一方賛成派の急先鋒は留任を狙うジョンソン大統領で、彼は「アポロを遂行する九年間にアメリカ国民の払う金は一人あたりわずか一〇〇ドルだ」と論駁した。アメリカ人は毎年アルコールやたばこにそれ以上を払っているではないか、というわけである。結果的にアポロ計画を元の軌道に戻すのに大きな役割を果たしたのは、事故調査に当たって、NASAが秘密主義を退け、率直な態度で問題の核心に迫ろうとしたことだった。

この論戦のさなか、アメリカは長期にわたって月面着陸競争から身を引くこととなり、ソ連に追いつくチャンスを与えてしまった。したがって「コスモス146」の成功によりソ連は再び優位に立った。

これは、飛行士を月面に降ろす前段階として「二名の飛行士を月軌道上で周回させ地球に帰還させる」という、コロリョフの遺した第二の宿題であり、困難をきわめた挑戦であった。宇宙船が二名の飛行士を乗せて月軌道を回れるように、設計者たちはソユーズの基本的な設計を使ってL-1を再設計し、軽量化を行った。彼らは居住部と再突入部を簡素化し、さらに恐ろしいことに、太陽電池パネルとバックアップ用の軌道制御部を取り除いた。そして地球に帰還する際の制御を改良するためにジェットノズルを増やし、再突入時の熱シールドに改良を加えた。

「コスモス146」と名づけられたプロジェクトであるこのUR-500K/L-1の無人によ

る最初のテストは一九六七年三月一〇日に行われた。コロリョフが亡くなってから一年が過ぎた頃であった。ケープ・カナヴェラルでの発射前のテストでアポロ1号が炎上してからまだ六週間しか経っていなかった。

宇宙船L－1は八日間地球の軌道を周回し、上段エンジン「ブロックD」は二度再着火に成功した。ソ連は再び調子を取り戻した。しかし実はソ連でもこの時、恐ろしい悲劇が始まろうとしていた。

一九六七年四月二三日、アポロ1号の火災から八六日後、ソ連の飛行士ヴラジミール・コマロフが、宇宙船ソユーズの処女飛行に旅立った。将来の有人月飛行をめざして後続の別のソユーズとドッキングすることになっていた。そして二機のソユーズの飛行士は船外活動の後、母機を交換して地球に帰還するなどの計画が考えられていた。

打ち上がってすぐ、いやな予感を感じさせる事件が起きた。ソユーズは、軌道に入って後に、巨大な太陽電池パネルを左右に広げることになっていた。右のパネルは開いたが、左側が開かない。片方のパネルだけでは十分な電力を得ることができない。そこでモスクワ郊外のカリーニングラードにあるツープ（飛行管制センター、現在はコロリョフ飛行センター）は、コマロフに、太陽の光から最大の電力を得られるよう、ソユーズの姿勢制御を敢行するよう指示した。しかし、コマロフが苦闘すること三時間、ソユーズは次々と故障を併発し、姿勢制御はうまくいかなかった。

太陽電池の出力も低下し、地上とソユーズとの交信も途絶えがちになってきた。姿勢制御は自動から手動に切り替えられた。コマロフは、このままでは間もなく、地上との会話ができない状態で、まさに自分だけの力で、宇宙からの帰還を果たさなければならなくなるだろう。絶体絶命のピンチだ。

風前のともしびであるソユーズ1号は、コマロフ飛行士を乗せたまま、ゆるやかに時間のなかを旅していた。七周目から一三周目の間の九時間、ソユーズの軌道のせいで、モスクワの地上局との通信はできない。一三周目の終わり頃、通信が回復した時、コマロフの弱々しい声は、管制官を驚愕させた。宇宙船を制御するための電子回路が働かなくなったというのである。管制官はただちに後続のソユーズの打上げを中止するよう要請した。コマロフには、逆噴射ロケットをふかしてスピード・ダウンし、大気圏に突入する準備をするよう命令を発した。

そしてもう一回、悲痛な顔で受話器がとりあげられた。すぐにモスクワ郊外のアパートに車が差し向けられ、駆け込んだ二人の男に抱きかかえられるようにして、一人の女性が姿を現した。コマロフ飛行士の妻、ヴァレンシアである。ツープに着いたヴァレンシアは小さな部屋に案内され、ヘッドホンを手渡された。センターのスタッフは、黙って遠ざかった。この十数分の短い時間に、ヴァレンシアは、おそらく二度と生きて戻れないであろう夫ヴラジミールに、永遠の別れを告げたのだった。

コマロフの最後の激闘が開始された。逆推進ロケット噴射、しかし制御が効かない。彼は船内のジャイロを見つめ、豊かなジェット・パイロットとしての経験を生かし、宇宙飛行士としての高い誇りを保持しながら、高まり来る大気圧と四つに取り組んだ。

ソユーズの行方を見失っていた地上局に、宇宙船が着陸したという報告が入った。オルスクという町の東方六五キロメートルの地点である。「コマロフは不可能を可能にしたのかもしれない！」管制センターは狂喜した。しかしその少し前オルスクの農夫たちが地上に激突するソユーズの姿を目撃したことは、その時点ではわかっていなかったのである。彼らは、墜落したソユーズが爆発して炎に飲み込まれるのを発見し、燃え上がる船体に砂をかけた。そして一時間後、宇宙船のくすぶる残骸のなかから、ヴラジミール・コマロフの遺体を見つけた。事後調査の結果、メイン・パラシュートは開かず、補助パラシュートもソユーズから外れていたことが判明した。この後ソユーズは、一八カ月の間打ち上げられることはなかった。コロリョフの死に続くコマロフの死によって、ソ連の宇宙計画は大きな崖っぷちに立たされることになった。

ソ連の次の失敗は月軌道飛行のミッションで起こった。一九六七年九月二八日、UR－500K／L－1システムでの三回目の無人テストにおいて、L－1宇宙船は高い楕円軌道を周回することになっていた。しかしながら、UR－500Kの第一段ロケットが不具合を起こした。緊急救援システムにより帰還カプセルは守られたが、六個の第一段エンジンのうち五個しか作動せず、ロケットは爆破された。

その後の一ヵ月以内に、通信衛星モルニヤの6号、7号の打上げの成功がもたらされた。その喜びも束の間、一一月二三日、再びL－1宇宙船の打上げで、第二段ロケットにある四個のエンジンのうち一個が作動しなくなり、軌道に乗せることに失敗した。ただし緊急救援システムにより再び帰還カプセルは守られた。

その二週間前の一一月九日、アポロ4号の打上げによりアポロ計画は息を吹き返した。これは無人によるサターンV／アポロの初の完全装備（オールアップ）の軌道テストで、万事がうまくいった。またこれはコマンド・モジュール（CM、司令船）の再帰還を含み、月からの帰還をシミュレートするというものであった。三七トンもの総重量で軌道周回を行うというのは当時最大級のものであった。

一方ソ連では、一九六七年一一月と同様、N－1の飛行テストはなく、命令によりテストの日程は一年だけシフトされることが公式に決まっていた。そして一九六八年以降、ソ連はどんどん後れをとるようになった。

ポゴ効果

一九六八年は、一月二二日、無人モジュールを軌道上に置くというアポロ5号計画で始まった。

ソヴィエトの月計画はいまだゆったりとした歩みを見せている。ソ連のロケットは、上段エンジンはテストされているが、第一段では三〇個のエンジンのうち四個のエンジンを束ねたもの（クラスター）だけが地上燃焼に供されている。

アポロ計画の進行に問題がなかったわけではない。四月四日、無人のアポロ6号がサターンVの上に乗せられた。ここで巨大な第一段のF-1エンジンがひどいポゴ効果（大型液体ロケットの場合、機体構造と推進システムの作動が組み合わさることによって表れることのあるロケットの縦震動）を経験したのである。これはソ連でもグルーシュコがR-7のエンジンを作る際に苦しめられたことであった。アポロ6号の場合はわずか一〇秒で止まったからよかったものの、もしこれに飛行士が乗っていたら、その打上げはおそらく中止されたであろう。なぜならばその効果により船全体があまりに激しく揺さぶられてしまうからである。ポゴ効果の問題を解決するために、NASAは五〇〇人を越す専門家を雇い、彼らは一五〇〇人日も働いた。最終的にはショック・アブソーバーを導入することで問題が解決された。

アポロ6号のエンジンは他にも不安材料を持っていることがわかった。第二段の五個のJ-2エンジンのうち二個が同時に作動しなくなったのである。また第三段のJ-2エンジンも着火に失敗した。

ここで生じたJ-2エンジンの失敗はすべて同じ問題に関係するものであった。蛇腹が弱かったために燃料パイプが破裂したのである。第二段のJ-2エンジンのうちの一つは、失火したエンジンとワイアが絡み合ってしまい、自動的に停止した。にもかかわらず宇宙船は地球を軌道周回するというミッションを果たし、コマンド・モジュールとサーヴィス・モジュール（SM、機械船）が太平洋から回収された。

ソユーズの開発を軌道に乗せることはソ連にとって当時の最優先課題であった。一九六八年四月一五日、ソユーズと「ほぼ同等な無人宇宙船」コスモス212号と213号のドッキングが成功したまではよかったが、月を無人で周回する予定だった二機のゾンドが失敗してしまった。まず四月二三日に打ち上げられたゾンドは、第二段エンジンの噴射中に回路がショートし緊急支援システムが作動してしまい、地球軌道にすら到達しなかった。そしてもう一機のゾンドは、七月二一日の打上げに向けて準備が完了していたが、七月一四日に行った調整中に、発射台上のロケットが爆発して三名の死亡者を出すという悲劇的な事故となった。ブロックDエンジンの酸化剤タンクに、過剰に圧力がかかったためひびが入ったことが原因であった。

八月二八日に無人で打ち上げられたソユーズは、軌道に乗って「コスモス238」と呼ばれた。一〇月二六日にはソユーズ3号がギオルギー・ベレゾヴォーイ飛行士を乗せてソユーズ2号の近くまで行ったが、ドッキングには失敗した。

九月一五日と一一月一〇日、ゾンド5号と6号が打ち上げられ、無人で月の周囲を回った。5

号は八万五〇〇〇キロメートルの高度から地球の素晴らしい写真を撮影したが、帰路の途中でオペレーション・ミスのため姿勢を制御できなくなり、飛行士が乗っていれば死んでしまうほどの激しい加速度を生じる弾道軌道に乗ってしまった。宇宙船はインド洋の数千キロメートル沖に着水し、ソ連の救援船により引き上げられた。

一〇番目のL－1宇宙船であるゾンド6号は、月から二四〇〇キロメートルの高度で飛行して地球と月の写真を撮影し、予定どおりダブル・ディップ滑空（一挙に大気圏に突入しないで、いったん浅い角度で突入して大気によってはね返らせ、速度を落としてからさらに再突入する方法）の後カザフスタンに着陸した。これは落下モジュールの発熱をできるだけ抑えるために考案された方法であるが、ガスケットが壊れて再突入カプセルが減圧した。そのため船室の酸素がなくなってしまい、またしても飛行士が乗っていれば死んでしまうような状況を作り出してしまった。おまけに、パラシュートシステムがうまく作動しなかったので宇宙船は地面に激突し、船内にいた生物がすべて死んでしまった。

ロケットを打ち上げるたびに新たな危機が生じるようでは不安である。L－1の有人での打上げは延期された。失敗の原因究明においても、ソ連の作業はアメリカに後れをとっていった。

アポロ8号のとどめ

アポロ8号から撮った月の地平線上に浮かぶ地球

ゾンド5号と6号の間の一〇月一一日、ウォルター・シラー、ウォルター・カニンガム、ドン・イーゼルの飛行士たちがサターンIBで飛び立ち、ほぼ完璧なアポロ7号の飛行で地球を一六三周し、アポロ宇宙船による最初の有人テストは大成功を収めた。しかし、月への競争で勝ちたいというソ連の希望を最終的に打ち砕いたのは、アポロ8号だった。

一九六八年一二月二一日、フランク・ボーマン、ジェームズ・ラヴェル、ウィリアム・アンダーズの三人は月周回軌道に到達し、軌道を一〇周し、月の景色を撮影した。なかでももっとも印象的だったのは、月の地平線上に浮かぶ地球を撮影した壮観な写真であった。この写真はいくつものポスターにより不朽のものとなった。ご存じ『スカイ・アンド・テレスコープ』誌が募集した「二〇世紀の天体写真」のベスト・ショットに選ばれたあの写真である。アポロ8号の成功は、月面着陸のためのハードウェアとそのオペレーションをテストするという大目標に向けて、重要な意味を持つステップとなった。飛行士たちが「平和のためのクリスマス・メッセージ」を聖書から引用しながら電波に乗せて世界中へ向けて発信した時、アポロ8号が世界中に与えた衝撃は特に強烈であった。

この一九六八年の一連のソ連の打上げ失敗とアメリカの成功によって、ソ連がL－1計画を継続する政治的理由は失われた。にもかかわらず、さらに三つのゾンドが打ち上げられた。それは「いったん回り始めたはずみ車を突然止めることは事実上不可能である。宇宙船は製作され、ロケットも打上げを待っている。飛行予定は守らなければならない」からであった。

第8章　月着陸とフォン・ブラウンの死

運命の一九六九年が明けた。最後まで追いすがるソ連の頑張りがほとんど極秘裡のトライアルだったのに対して、アメリカの月面着陸までの息づまる挑戦は、全世界のテレビに人びとをくぎづけにしながら進められた。

振り返ってみると、この最後の闘いの主役は、この世を去ったコロリョフでもなければ、巨大なロケット・システム「サターンV」を既に建造し終えたフォン・ブラウンでもなかった。アポロ計画の達成によって、宇宙を舞台にした二〇世紀の二大強国の熱い冷戦は幕を閉じた。そしてフォン・ブラウンは、アポロ計画の華やかな達成と衰え行く国家の宇宙計画への予感のなか、静かにNASAを去っていった。時代は「一歩前進、二歩後退」――新たな宇宙活動を準備しつつあった。

追いすがるソ連

ソ連は、一月一四日から一五日にかけての快挙により、その巻返しを劇的に開始した。ソユーズ4号がヴラジミール・シャタロフを乗せて、三名の飛行士を乗せたソユーズ5号とのドッキングに成功し、5号のエヴゲーニー・クルノーフとアレクセイ・エリセーエフが、船外活動を行って4号に移乗した。二機の有人宇宙船が史上初めてドッキングに成功したのである。

しかしその後、ミーシンのチームにとって、事態は悪化する一方だった。その年初めて月への飛行を試みたのは一月二〇日であった。この期待されたUR－500Kの打上げは、第二段、第三段の両方に不具合が生じ、ブースターが破壊されてしまった。

二月二一日、モスクワ時間の午後零時一八分、バイコヌール基地では、三七階建てのビルに匹敵する高さの超大型ロケットN－1が、轟音とともに飛び立った。すべてのソ連の宇宙関係者が注目する打上げである。複雑なL－3ではなく簡素化されたL－1宇宙船を搭載している。アポロ8号が月を回って帰還したため、似たようなプランを持つゾンド計画は中止された。ソ連に残された勝負はただひとつ、月に人間を着陸させることである。起死回生の望みを持って、この日無人で打ち上げられたN－1型ロケットは、軽率かつ大胆にも月を狙ったものだった。

上昇を続けたN－1ロケットは、空気から受ける動圧が最大値に達した直後、激しい振動に襲われ、すべてのエンジンが停止、姿勢が不安定になりながら猛烈に揺すられ、タンクから燃焼室へ液体酸素を送るパイプが外れた。極低温の液体酸素がロケットの機内に流れ出して、あっという間に揮発・拡散し、ロケットの体内に充満していった。

たまたま飛んだ小さな火花が、一基のエンジンをオーバーヒートさせ、ロケットは瞬く間に火だるまとなってしまった。ソ連の宇宙関係者が息をつめて注視するなかでの大爆発。炎に包まれた破片は美しく真昼の空に舞った。爆発した部分のはるか上部には、無人ではあったが、月周回用宇宙船が鎮座していた。装備した脱出ロケットが火を吐き、宇宙船は火だるまのさなかから飛び出した。ついでN-1ロケットを包む炎がバラの花のような広がりを見せたかと思う間もなく、ロケットはさらに破壊され、こなごなになって、バイコヌール基地から約五〇キロメートルほど離れたカザフスタンの大地に落下して行った。

この史上もっとも大規模な爆発事故とともに、アメリカとの有人月面着陸一番乗り争いにかけるソ連の夢の実現は大きく後退し、一縷《いちる》の望みを奇跡に託すほかはなくなった。そしてこの時アメリカは、サターンV型によるアポロ宇宙船の飛行テストを二回計画し（9号は地球周回による月着陸船のテスト、10号は8号と同様の月周回テスト）、いよいよ11号で、人類史上初の月面着陸を敢行するスケジュールを決定していた。ケネディの夢は、もうじき形を与えられようとしていたのである。

アポロ11号を乗せたサターンVロケットが地球を後にする一三日前の深夜、ソユーズ宇宙船を乗せた無人のN－1ロケットが、バイコヌール宇宙基地を飛び立った。これは人間を月面に届けるためのリハーサルだった。だからこの時点で、もしアポロが失敗すれば、ソ連が月面着陸のトップを切る可能性は、残されていたのである。

真夜中のロケット打上げというのは、特別の迫力があるものである。夜は発射の轟音が豪快に響くし、他に光るものがないので、ロケットは、炎のなかから非常に荘厳な雰囲気で暗闇を駆け昇っていく。

しかし発射後わずか一〇秒も経つか経たないうちに、三〇個のエンジンがすべて燃焼を停止し、世界一巨大なロケットは、燃料満タンのまま墜落し、発射台を滅茶滅茶にしてしまった。その爆発はすさまじいもので、アメリカの軍事偵察衛星がキャッチした。この時間帯に、北アメリカの防空司令部の警報が鳴りっぱなしになっていたという。

原因は、何かの破片が液体酸素を燃焼室に送る配管にまぎれこみ、八番目のエンジンのポンプにひっかかったことだった。その結果、制御用の配線と他の電気系統の配線とがショートしたので、搭載コンピューターから指令が出され、すべてのエンジンを停止した。

それでもソ連は頑張った。アポロ11号打上げの三日前、無人のルナ15号を搭載して、もう少し小型のロケットが発射された。もしこのルナ15号の手順が順調に運べば、ソ連は、ドリルのような装置を月面に突き刺して岩石のサンプルを採集し、地球に持ち帰ることになっていた。そうすれば、人間が初めて目にする「月の石」を前にして、「月を探険するのに、人間は必ずしも行く必要がない」などと嘯《うそぶ》くこともできただろう。

ルナ15号は乾坤一擲《けんこんいってき》の勝負をかけてバイコヌールを後にした。

ついに月面に到達

アポロ10号の司令船「チャーリー・ブラウン」が帰還してから二カ月後、一九六九年（昭和四四年）七月二〇日、アポロ11号の船長ニール・アームストロング飛行士が、着陸船イーグルから月面に降ろされた梯子をゆっくりと下っていた。ケネディ大統領の歴史的演説から八年目の夏のことである。三八万キロメートルも彼方の地球上では、五億人以上の人びとがテレビの前にくぎづけになっていたそうである。

私は？　といえば、御茶ノ水の喫茶店でやはりテレビに見入っていた。ごつい手袋をはめた手で梯子につかまりながら、あくまで慎重に一段一段と月面に近づいていくアームストロングのぼやけた映像を見つめながら、私は茫然となっていた。そう、何だかこの世のものではないような……。

着地した午後一〇時五六分、月面の砂に彼の左足がくっきりと跡を残した。アームストロングが準備していた言葉は、「一人の人間にとっては小さな一歩だが、人類にとっては大いなる飛躍

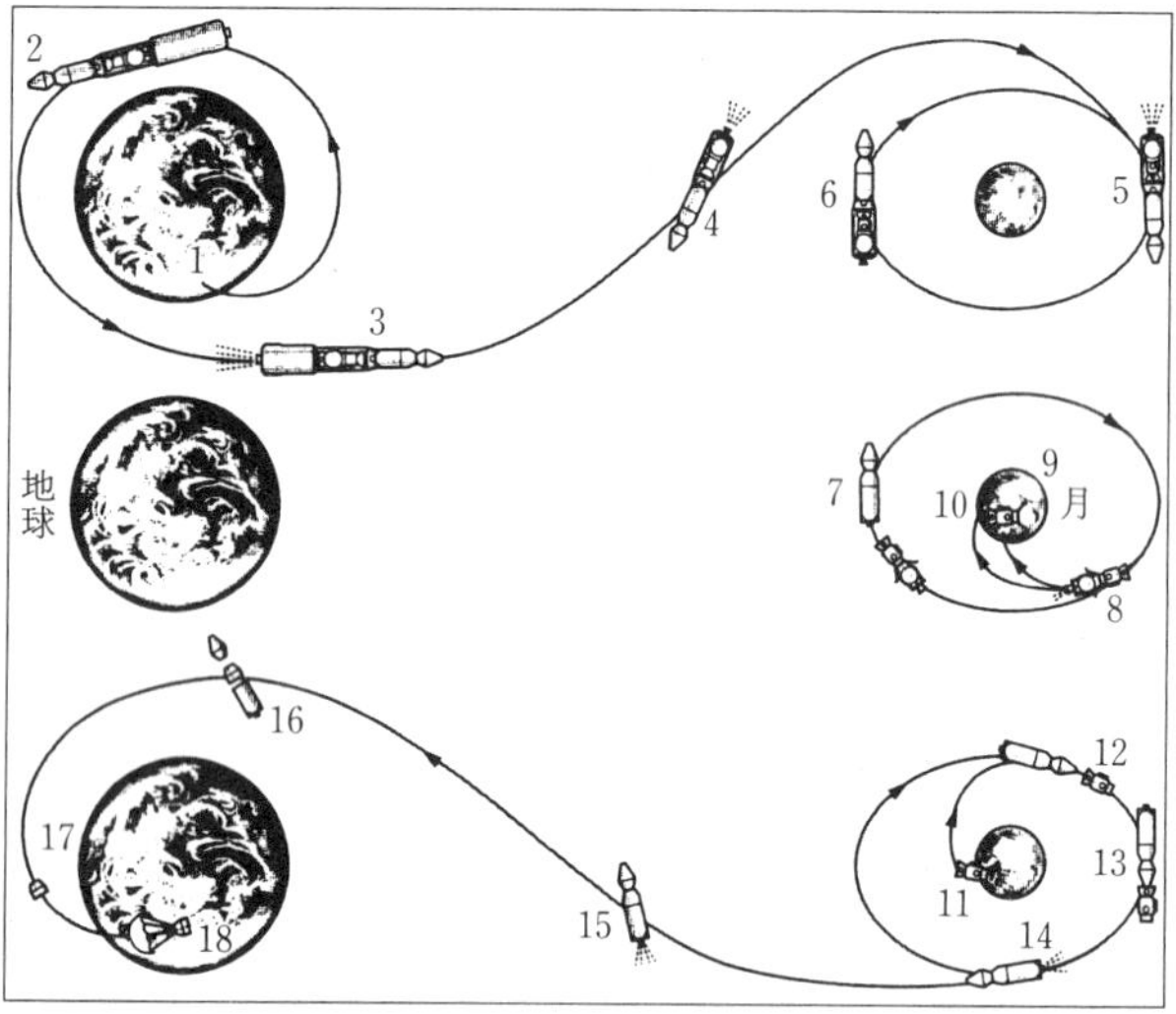

ソ連のN1／L3計画　1 宇宙飛行士二人が乗り組みN1／L3全体を発射　2 N1ロケットのA、B、C各段のエンジンを順々に燃やし、地球の低軌道に乗せる　3 エンジンGに点火し、L3全体を月への軌道に投入。エンジンGの燃焼終了後、エンジンDの下部アダプターを投下　4 エンジンDを再着火し、軌道修正　5 エンジンDを用いて月周回軌道に乗せる　6 宇宙飛行士の一人が機外へ。帰還用のオービター（LOK）から月着陸船（LK）のキャビンに入る　7 LKとエンジンDの全体をLOKから分離。上部アダプターを投下。LKは着地用の脚を展開　8 月面着陸に向けエンジンDを最終点火。このエンジンは、月面上空約1キロメートルでLKを切り離した後、停止。月面着陸最終段階での制動のため、LKのエンジンEに点火　9 月面着陸。宇宙飛行士機外へ。4時間の月面滞在後に月着陸船に戻る　10 エンジンDは燃焼終了後、月に衝突　11 月離陸のためLKのエンジン再着火。LKの離陸部分と着陸船を分離　12 このLK上部段を月周回軌道に乗せる　13 LK上部段をLOKとドッキング。月面を歩いた宇宙飛行士が再び機外へ出、LKからLOKへと移動。LOKからLKを切り離す　14 LOKを地球への帰還軌道に投入するため、エンジンI点火　15 エンジンIによる軌道修正　16 二人の宇宙飛行士を乗せた帰還カプセルを分離　17 制御しつつ大気圏を降下　18 パラシュートによるブレーキ・システムが作動し、カザフスタンのステップに着陸

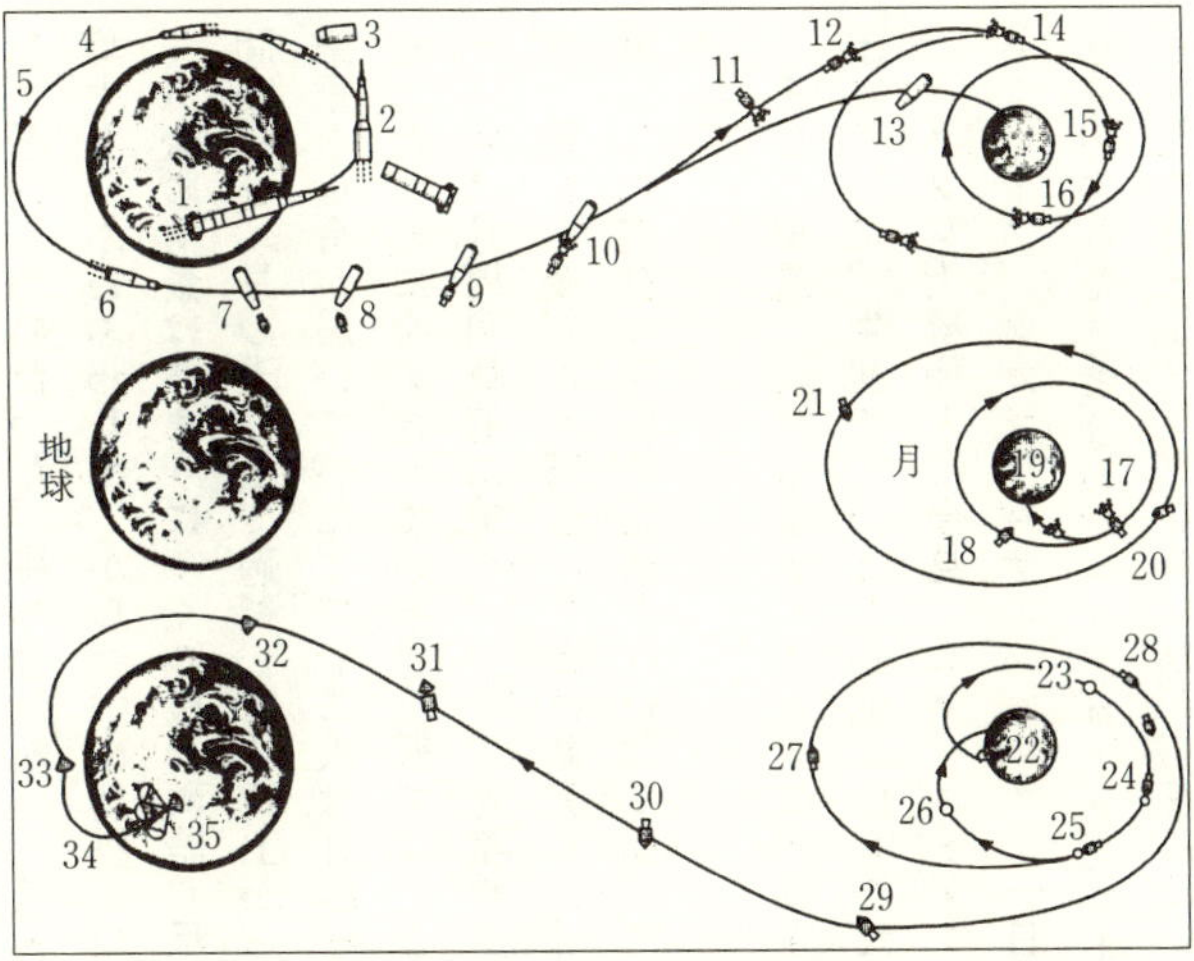

アメリカのサターンＶ／アポロ計画　１ 三人の宇宙飛行士が乗り込みサターンＶ／アポロ発射　２ 第一段分離、第二段のエンジン点火　３ 第二段分離。第三段のエンジンを点火し、アポロを地球周回低軌道に乗せる　４・５ 待機軌道　６ 第三段エンジンに二度目の点火を行い、アポロを月への軌道に乗せる　７ 第三段からアポロを分離　８ 円錐形アダプタの投下、ならびにアポロの方向転換　９ 第三段の上部に位置している機械・司令船に月着陸船をドッキング　10 第三段からアポロを分離　11 最初の軌道修正　12 二度目の軌道修正　13 第三段を月面衝突軌道に移動　14 最後の軌道修正　15 月周回軌道に乗せる　16 軌道高度を下げる。また、宇宙飛行士二人が内部通路を通って月着陸船に移動　17 月着陸船が機械・司令船から離れる　18 月面着陸での制動のため月着陸船のエンジン点火　19 月着陸船の月面着陸操作。宇宙飛行士二人月面に出る　20 機械・司令船は月の軌道上にとどまっている　21 ドッキングに向け機械・司令船の軌道を最適化　22 月着陸船の上部が月面から離陸　23 月着陸船の上部が機械・司令船に接近　24 ドッキング　25 二人の宇宙飛行士が機械・司令船に乗り移った後、月着陸船の上部を分離　26 月着陸船の上部を月面に投下　27 機械・司令船は月周回軌道に乗っている　28 地球への帰還軌道に乗せる　29 最初の軌道修正　30 必要があれば、二度目の軌道修正　31 司令船と機械船を分離　32 大気の濃密な層への突入前に司令船へ地上から誘導指令　33 司令船は制御されながら地球大気圏を降下　34 大気圏突入時に電波信号消滅　35 パラシュートによるブレーキ・システムを作動。三人の宇宙飛行士が乗ったカプセルは太平洋の予定海域に着水

だ」というものだった。待ちきれないバズ・オルドリンが一五分たってから後を追った。彼の言葉――「ふわふわして、からだ中に鳥肌がたっている」。

以後の情景はあまりに多くの機会に語り尽くされている。ニールは二時間一四分、バズは一時間四四分、月の土の上で過ごした。地上からは、月面を飛び立つ前に最低五時間は眠るように、厳重な指令が届いていた。でも二人は計器パネルの下のデッキに横にはなったものの、窓に覆いをしたために冷えきっている着陸船では、とても眠れなかったそうである。ちょうどその頃、ルナ15号は月周回軌道に乗り、ついで着陸船がエンジンを噴かして下降を開始した。それから月を五二周した後、ルナ15号は月面に激突した。原因は不明。その衝突の衝撃も、ニールとバズが設置した地震計に克明に記録された。こうしてソ連の野望の挫折は永遠に歴史に残されることになった。

そして帰還。航空母艦ホーネットに回収されてから一時間後に浴びたシャワーは、三人の飛行士にとって、生涯でもっとも心地よいものだっただろう。

ニクソン大統領との会見、ヒューストンでの二〇日間の隔離を経て、三人は、八月一三日、ニューヨーク、シカゴ、ロサンジェルスを一日で回る「てんてこまいのパレード」(オルドリン)に送り出された。とりわけニューヨークは派手で、オープンカーに乗ってブロードウェイを、拍手・紙吹雪・紙テープを浴びながら進んだ。

そしてワシントンのアーリントン墓地を訪れた三人は、一九六三年に凶弾に倒れた故ケネディ大統領の墓の傍らに、静かに大統領へのメッセージを置いた。

――大統領、ただいま帰ってきました。

アポロ計画の後退

アポロ11号のクルーが帰ってきた直後、ニクソン大統領がロサンジェルスに数百人の人を招待して、クルーの歓迎会を催したことがあった。これはまったく大げさなパーティだったが、宴もたけなわになった頃、11号のクルーではなかった飛行士の一人が、すこぶる酔って、グラスを高々とさしあげて叫んだ。

「アポロ計画の終了に乾杯！」

ある意味では、彼の言うことは正しかったのである。ケネディによって掲げられ、一九六〇年代のアメリカ合衆国を支配した目標は「一九六〇年代の末までにアメリカ人を月に着陸させて帰還させる」というもので、それ以上でも以下でもなかったのだから。

さまざまな議論がアメリカ国内に巻き起こった。月面着陸は、リンドバーグの大西洋横断飛行のように、単なるエンジニアリングのデモンストレーションなのか？　そう考える人は確かにいた。彼らは言う。リンドバーグに「もう一度大西洋を横断してくれ」と頼む奴はいないだろう。

なぜ再び月へ飛ぶ必要があるんだ、というわけである。

既に一九六九年初めに、ニクソン新大統領は、一九八〇年代と一九九〇年代を通じてアメリカが取り組む宇宙計画を策定するために、副大統領のスピロ・T・アグニューを頭にするSTG（宇宙問題特別委員会）を任命し、その委員会は一九六九年九月に「ポスト・アポロ計画——未来に向かって」というレポートを提出した。ここで出された答申は、実に驚くべきものだった。——一九七五年までに一二人を収容する宇宙ステーションとスペースシャトルを建造する。一九八〇年までには五〇人収容の宇宙ステーションにする。その後五年で、軌道上で一〇〇人が生活するようにする。その間、一九七六年までに月周回軌道に有人基地を乗せ、二年後に月面基地を建設する。一九八一年には火星に向けて人間が出発する。

このレポートにもとづき、NASAとPSAC（大統領科学諮問委員会）は壮大なポスト・アポロ計画を発表した。一九六九年二月にウェッブの跡を継いだトマス・O・ペインNASA長官は、STGのレポートを歓迎し、月の有人飛行の当然の帰結として、火星へ人間を飛ばすプロジェクトに野心を持っていた。NASAの有人宇宙飛行局長ジョージ・ミュラーもペインの狙いを熱烈に支持し、フォン・ブラウンとともにそのシナリオを書き、二人でNASAや一般向けの講演において積極的にサポートを訴えた。しかしフォン・ブラウンは、彼独特の勘で、この火星有人飛行計画は、ニクソン大統領、議会、財政当局、NASAの科学者たち、一般の人びとを説得するのに、たいへんな壁が立ちはだかることを予測していた。

フォン・ブラウンが予想したとおり、ニクソン大統領は、一九六九年末になると宇宙への関心が急激に衰えていった。副大統領は不祥事への関わりがあってやがて辞任。議会も山積する国家の諸問題に大わらわ。財政当局は増え続ける赤字に悩んでいる。国のリーダーたちのほとんどが、大冒険を求めるよりは成り行きを見守る態度に出ていた。前向きの宇宙計画に対する、このような政治の側からのリーダーシップ不在のなかでは、一般の人びとから果敢なプロジェクトへの支持が高まるはずもなかった。一九六五年をピークにして漸減を見せているアポロの予算への批判さえ出ていたのである。トマス・ペインは、ともかくアポロを20号まで続けさせてほしいと、懸命に議会を説く努力を続行した。

最後の勝負をかけたルナ15号の失敗にもかかわらず、ソ連の有人月飛行計画はさらに数年間続けられた。ゾンド7号は、無事故ですべての旅を完了した初めてのL－1宇宙船となり、無人ではあったが、月から一二三〇キロメートルの距離をフライバイし、一九六九年八月一四日、カザフスタンに軟着陸した。ゾンド7号が月から見た地球は、アポロ8号ほどの新鮮さはなかったものの、無人での快挙であった。

ソユーズも、一九六九年一〇月一一日、一二日、一四日と連続して三つも打ち上げるというフル回転となった。三つの有人宇宙船はすべて軌道上を八〇周し、飛行士たちは自動溶接、航行実験、軍事演習を行った。

アポロ11号が偉業を成し遂げてから四ヵ月目の一九六九年一一月一四日、激しい雨が降りしきるなかを、ピート・コンラッド、アラン・ビーン、ディック・ゴードンの三人を乗せたアポロ12号が、月面の「あらしの海」に向かって打ち上げられた。船長のピート・コンラッドは、とても愉快な人物で、しかも身長が一六八センチメートル、飛行士のなかでもっとも背が低い人物だった。月着陸船「イントレピッド」のハッチから出て、梯子を降りて、最後の段をピョンと飛び降りると、大きな声で叫んだ。

「ニールには小さな一歩だったが、オレには大きな一歩だった」

こうしてケネディ大統領が約束した人間の月着陸は、一九六〇年代のうちに二度も成功した。

フォン・ブラウン、ワシントンへ

強烈な政府の指導力が欠如しているなかで、宇宙ステーション、スペースシャトル、有人火星飛行などの壮大な展望を現実のものに変えるのは至難の業であることを感じていたフォン・ブラウンにとって、NASAのペイン新長官からの「ワシントンのNASA本部に来てくれないか」との誘いは、辛いものであった。アメリカ全土を見回しても、おそらくアメリカの宇宙計画の大キャンペーンを実現に導くことができるのは自分しかいないことを、フォン・ブラウンは（決してそのようなことを口に出してはいないが）きっと感じていたに相違ない。そしてペインは誰よりも明確にそれを信じていた人だった。

ペインの誘いに対して、フォン・ブラウンはその場では態度を保留している。妻のマリアや子どもたちはワシントン行きを望んでいたと伝えられており、それが最終的にフォン・ブラウンが決心を固める動機になったことは推測される。が、何といってもペインのような自分に厚い信頼を寄せてくれている長官のもとで、NASAの未来を思い切り描いてみたいという想いが、フォン・ブラウンの強いトリガーになったに違いない。一九六九年末、同僚の誰にも告げることなく、フォン・ブラウンはワシントン行きを決意した。そしてワシントンに移る前に、家族を連れて、彼自身「生涯でもっとも長い休暇」と呼ぶ七週間の休みをとってバハマへ。そこで娘のアイリスとマーグリットに自分がもっとも愛する趣味であるスキューバ・ダイヴィングを教えた。「二人とも私について四〇メートル以上ももぐったよ」と自慢げに語ったそうである。

アメリカ全土のマスコミがフォン・ブラウンの転勤を大きく報道するなか、五八歳の誕生日を三週間後に控えた一九七〇年三月一日、フォン・ブラウンはワシントンでの仕事を開始した。この時のNASAの布陣は、その一年前に就任したペイン長官のもと、副長官にジョージ・ロー、NASAのチーフ・サイエンティストであるホーマー・E・ニューウェルがそれを助ける体制であり、フォン・ブラウンのポストはニューウェルの補佐だった。

ペインがフォン・ブラウンを口説き始めていた一九六九年秋には、NASAのもっとも大切な計画は有人火星探査であり、フォン・ブラウンにはそのマスター・プランを作成することが期待されていたが、ワシントンに移った一九七〇年春には、ニクソン大統領の頭から火星は消えていた。フォン・ブラウンがペインと二人三脚で取り組んだプログラムは、有人火星飛行を含むNASAの長期計画、宇宙科学計画、それにスペースシャトル計画の三つであった。しかしそのいずれも、「やる気のない政府」のもとでは、二人が予想していたよりもはるかに難渋をきわめる作業となった。

フォン・ブラウンがもっとも力を投入することになったのは、スペースシャトル計画だった。一九六八年にNASAが公式にスペースシャトル計画を開始した頃、それは二段式で、一段・二段とも宇宙へ行って戻ってくる翼のついた往還機という構想だった。一九六九年の初め、ジョージ・ミュラーは、このようなスペースシャトル構想を発表して多くの支持を獲得し、一九六九年中には、スペースシャトルと、それからついでに宇宙ステーションについても本格的な研究予算を得た。ミュラーはしかも、スペースシャトルができれば、現存の使い捨てロケットはすべて不要になるとの見解を述べていた。しかし一九六九年一二月、突然NASAを辞めて、カリフォルニアの民間企業に移ってしまった。

ミュラーが進めようとしていたスペースシャトル計画は、フォン・ブラウンの目から見て、「実現する見込みのない」ほど「あまりに複雑で、あまりに高価な」プランとなっていた。彼は、ワシントンに移ってから数ヵ月経った頃、もっと簡素なスペースシャトルの構想を練り上げた。まず宇宙へ行ってから帰ってくる宇宙飛行機型の一段目の代わりに、固体燃料でもいいから捨ててもいい補助ロケットを装備した一段目を提案した。二段目については、飛行士を運ぶから当然地球に帰還しなくてはならないが、もっと小さなものにするよう主張した。

常に現実の厳しさの程度を慎重に計っているフォン・ブラウンにとって、これはごく当然の考え方であった。紆余曲折を経て、スペースシャトルの現実はフォン・ブラウンの提案のように結実していった。

一九七〇年七月二八日、フォン・ブラウンが唯一頼りにしていたトマス・ペイン長官が突然の辞任をし、民間企業に移ることになった。このペインの辞任は、フォン・ブラウンの孤独な余生の幕開けであった。

N－1の蹉跌

どんなことにも危険はつきものである。宇宙飛行ともなればなおさらである。しかしアポロ計画のように十分なお金をかけ、周到に準備された飛行の場合は、何度か成功を繰り返すうちに成功するのが当たり前と思われるのも当然かもしれない。

アポロ13号の打上げは、テレビ中継の視聴率が前二回よりも一段と下がる状況のなかで行われた。それだけ、月への人間の飛行は「当たり前」になりつつあったのである。しかしこの飛行は結果的に、思いもかけず、たいへんな注目を浴びることになったのだった。

アポロ13号を搭載したサターンVロケットは、一九七〇年四月一一日、ケネディ宇宙センターを後にした。地上の連絡員が「退屈でたまらない」と不満をもらすほど順調に飛行を続けていたアポロ宇宙船だが、打上げの五五時間五五分後、ジャック・スワイガート飛行士が燃料タンク内の小さな扇風機を動かすスイッチを入れた途端に、アポロ史上もっとも手に汗握るミッションに早変わりした。以後の経過は、人気俳優トム・ハンクスがジム・ラヴェル船長を好演した映画『アポロ13』でご覧になった方も多いことだろう。

宇宙の難破船と化したアポロが、奇跡の連続を演出して、雲の間からオレンジ色と白色の巨大な二つのパラシュートにぶら下がって姿を現した時、ヒューストンの管制センターは拍手と歓声に沸き、喜びの涙とともに肩をたたき合う光景があちこちで見られた。航空母艦イオウジマの待つサモアの近くに着水した13号が、それまでのアポロのなかでもっとも正確な位置への帰還だったことを知る人は少ないだろう。

一九七〇年六月、ソ連はヴィターリ・セヴァスチヤーノフとアンドリアン・ニコラーエフとをソユーズ9号に乗せて、一八日間の地球周回のミッションに送った。そして宇宙空間滞在の（当時の）最長記録を打ち立てた。つづいてラヴォーチキン設計局が成し遂げた傑出した成果は、久しぶりにソ連の宇宙関係者に喜びをもたらした。一九七〇年九月一二日、ルナ16号が月面に軟着陸して土のサンプルを収集し、地球へ持ち帰ったばかりでなく、一一月一七日からは、ルナ17号の月面車ルノホート1号が素晴らしい働きを見せた。月面を一一カ月間歩き回り、二万枚以上の写真を撮影したのである。

月周回をめざすソ連の最後のあがきが、一九七〇年一〇月にやってきた。この月二〇日に打ち上げられたゾンド8号（L‐1）は、首尾よく月周回を果たしたが、帰還の途中で姿勢制御装置が故障し、再突入がうまく行かないまま、宇宙船はインド洋に着水した。これが一三番目のL‐1のトライアルであった。一四番目と一五番目のL‐1も月周回用のものだったが、ついに打ち上げられることはなかった。UR‐500K／L‐1ミッションは、結局一人も飛行士を乗せることなく、消滅したのである。

他方N‐1／L‐3ミッションは、最初の二機のN‐1ロケットの失敗に続いて、月オービターと月ランダーを結合した有人宇宙船L‐3を準備することに、大きな努力が注がれた。月ランダーを設計したミハイール・ヤンゲルは無人の地球周回軌道のテストをやりたがった。そのテスト機はコスモス379と命名され、その脚を取り去ったものがT2Kと呼ばれた。T2Kは、一九七〇年一一月二四日、ソユーズ・ロケットに搭載されて打ち上げられ、三日半（月までの旅程）の地球周回飛行の後、月面着陸を想定したエンジン・スロットルの調整を行い、さらに月面での飛行士の滞在に合わせて着陸デッキを外に出し、その後月面から発射するための主エンジンを再始動した。

一九七〇年一二月二日、コスモス382がプロトン・ロケットを使って打ち上げられた。それには月オービターのプロトタイプが積まれていた。目的のうちのひとつは、月を周回飛行している間に、液体酸素／ケロシンのブロックDエンジンを何度も再着火できるかどうかをチェックすることだった。

サリュートの多難な船出

アポロのような大計画は、常にそれに猛反対する人びととの闘いを伴う。奇跡の生還を遂げたアポロ13号のあとをうけた14号には、特に反対者の風当たりが強かったことは言うまでもない。メニエール病という厄介な病を手術で克服したアラン・シェパードは、一九七一年（昭和四六年）一月三一日、ルーキー飛行士のエド・ミッチェル、スチュアート・ルーサと一緒に、再起を期したサターンVロケットに乗り込んだのだった。

既にアポロ18号、19号、20号が、反対派の政治家たちによってキャンセルされていた。もう一度失敗したら、15号から17号までも葬り去られるに違いない。

打上げ八分前、大雨のためアポロの有人飛行で初の発射時刻延期が行われた後、巨大なサターンVロケットは、炸裂する炎のなかを大音響を残して飛び立った。たくさんの障害を乗り越えて、ともかくアポロ14号は月面着陸を成功させた。三分の一に欠けた地球を月面から眺めて、「ライト・スタッフでもっとも気丈な戦闘機パイロット」と謳われたアラン・シェパードは泣いたそうである。

月面で、アランは宇宙服のなかから隠し持っていたゴルフボールを二個取り出した。そして手押し車から出した道具を使って、月面で初めての「バンカー・ショット」を披露してみせた。彼本来の茶目っ気は、失われてはいなかった。

ソ連の月ランダーのテスト機であるT2Kが一九七一年二月二六日の無人テストに成功した後、最初の宇宙ステーションの打上げがやってきた。四月一九日に軌道に運ばれた一八・五トンのサリュート1号である。チェロメイの設計を基礎としてミーシンの部署で製作し、チェロメイが設計したプロトン・ロケットにより打ち上げられた。

四日後、ソユーズ10号が三人の飛行士を乗せてサリュート1号とドッキングに成功、しかし

「飛行士を宇宙ステーションに移動させるためのドッキング装置にいくつかの欠陥を発見した」(ミーシン)。

六月、胸を引き裂くような二つの失敗が起こった。

六日に新しいドッキング装置を装備したソユーズ11号が三人の飛行士を乗せサリュート1号とのランデヴーを行い、飛行士たちが首尾よくドッキングをしたまではよかったが、二三日間にわたって一連の科学実験をした後に地球へ帰還する際、圧力解放弁が早めに開いてしまい、不意に船室の気圧が下がって三人の飛行士たちを死に至らしめてしまった。

その二日前の六月二七日、バイコヌールから、月オービターとランダーのモックアップ(同重量の原寸模型)を搭載したN‐1ロケットが第二発射台から三度目の打上げを敢行した。第一発射台は一九六九年の爆発事故の後、いまだに修復されないままだった。打上げ直後、バイコヌールに発生した竜巻がロケットを回転させ始め、回転が急激に大きくなって、発射後三九秒、ジャイロ安定プラットフォームの異状が原因となって発射後四八秒に発生した大きなトルク(回転力)でブロックB(第二段)の破壊が始まった。緊急救援システムはモックアップだったので作動せず、発射後五一秒、搭載コンピューターが第一段のすべてのエンジンを停止させた。

きびすを接して起きたこの二つの失敗は、ソ連の宇宙計画全体に大きな衝撃を与えた。

アポロ計画の終了とN－1の最期

13号と14号で歴史に残る冷や汗をかいたNASAチームは、予定された残り三つのアポロ・ミッションにおいて、「月の科学」について大きな成果を勝ちとった。

まず一九七一年七月、アポロ15号に乗り込んで月面に降り立ったデーブ・スコットとジム・アーウィンは、高さ四五〇〇メートルのハドレー山の近くを、電気自動車を使って精力的に走り回った。それはソユーズ11号とN－1が失敗したわずか数週間後であった。

八月一二日、コスモス434と名づけられたT2K（L－3宇宙船のテスト機）の第二回目の無人打上げが成功して、ソ連はいくぶん溜飲を下げたが、その八カ月後に地球を旅立ったアポロ16号の成功を間に挟んで、一九七二年一一月二三日にバイコヌールを後にしたN－1の四番目の打上げは、この超大型ロケットを葬り去る引き金となった。

このN－1ロケットは、それまでの問題に対処するために多くの改良が施されていた。制御を強化するために第一段と第二段にヴァーニア・エンジンを付けたのはその一例である。フルスケールの月オービターとランダーのモックアップを搭載した今回の打上げには大きな期待が寄せられた。

打上げは順調だった。発射後九〇秒、再び大竜巻。第一段のコア・エンジンが停止してしまった。その停止に伴う圧力衝撃により大きな負荷が生じて、燃料を運ぶ管が破裂して火災が起きた。

そして発射後約一一〇秒に爆発。N－1は四度、花と散った。

アメリカでは、いよいよ最後にして最長の月面着陸飛行となったアポロ17号のフライトを迎えた。ジーン・サーナンとジャック・シュミット飛行士は、「晴れの海」のタウルス・リトロー地域周辺を三六キロメートルにわたって月面車を走らせ、月面で二二時間にわたって船外活動を展開した。

かくて、世界の人びとに大きな感動を与え、その余韻で二〇世紀の人類の宇宙進出に強力なコンセンサスを与えたアポロ計画は、静かに幕を降ろした。

一九七二年（昭和四七年）一二月一四日、月面を離陸する寸前のサーナン飛行士は、次のように地球の人びとに呼びかけた。

「我々は来た時と同じように去る。そして神が望まれるように、我々は人類のために平和と希望をもって帰還する」

N－1の技術的改良の努力が続けられる一方で、ソ連はルナ、ソユーズ、サリュートの計画を続行した。一九七三年一月八日に打ち上げられたルナ21号は特に重要なもので、ルノホート2号を搭載していた。これは五カ月にわたって月面上を走り回り、八万枚もの写真を撮影した。

一九七四年八月に五番目の打上げが予定されていたN－1ロケットは、アポロ17号の旅立ちの前に、ついにブレジネフによってキャンセルされた。そしてついでにミーシンはクビになり、コロリョフの宿命のライヴァルであるグルーシュコが後を継いだ。N-1のキャンセルは、グルーシュコが喜び勇んで事を運んだ結果である。

カリーニングラードにあるコロリョフ博物館は、かつてコロリョフの設計局のあったところである。しかしここを訪問する人びとは、そこが旧ソ連の有人月計画の根拠地だったことを長い間知らなかった。どこを見ても「N-1」だの「L-3」だのという言葉は書かれていないのである。一方バイコヌールでも、いまだにN-1の部品やテスト設備、燃料関係の設備、発射台、コントロール・センター、トラッキング基地など多くのものが使用されているが、訪問者たちは、これが幻に終わった巨大な宇宙計画の遺産であるということは知らない。それは二〇年以上も前に、悲劇的にも息の根を止められたのである。

四年間にわたって次々とアメリカ人宇宙飛行士が地球から月へと旅をした。そのうち一二人が月面に着陸し、死に絶えた小さな世界の砂や岩石を踏みしめて、夢の時間を過ごした。もしソ連のセルゲーイ・コロリョフというスーパー・パワーの持ち主が志なかばで倒れなければ、競争はどのように展開したかわからないし、そうでなくても、もしソ連が宇宙開発初期のパワーを持続していたら、月へ行く人の数はさらに増加しただろう。しかしソ連は、アポロ11号の後、疲れ切って撤退した。たて続けに起こった巨大なN-1ロケットの失敗で落胆し「あれは月へ行く努力ではなかった」と嘯いてはみたものの、ソ連が崩壊して以後に明らかにされた歴史には、そうは記されていない。

ソ連の栄光をさらに際立たせるはずだった着陸船は、シベリアでゴミの収集機になったし、また巨大ロケットのタンク類は、倉庫にしまわれたり遊園地でゴミの運び道具に転用されたりした。

フォン・ブラウン、NASAを去る

一九七〇年七月にペイン長官がNASAを去った後、九月一六日に長官代行に就任したジョージ・ローは、一九五〇年代の終わり頃にNASAの目標として有人月飛行を強く推した一人であり、また一九六七年のアポロ1号宇宙船の悲劇的な事故の後、その事故調査を指揮して辣腕を発揮した優秀なエンジニアだった。フォン・ブラウンはローの手腕に一縷の望みを託したが、それは大いに裏切られることとなった。

ローは、自分をあくまで次の長官が来るまでの臨時の職務であることを強く意識しており、長期の展望を早急に打ち出す必要を感じていたフォン・ブラウンを一顧だにしなかった。フォン・ブラウンがペインから与えられた「計画局」の仕事は、NASAの長期の計画づくりだったが、これはそれを率いる長官自身が長期の展望を睨んでいなければ、力を発揮することのできる仕事では到底なかった。彼は、既に確定している小さなプロジェクトを処理する役目を与えられ、それに取り組む毎日を送り始めた。

一九七一年四月二六日、ジェームズ・フレッチャーが新長官となって赴任してきたが、この人も大統領の宇宙予算削減の方針に、NASAの行く手をいかに合わせていくかを、自分の責務と考えた。フォン・ブラウンの長期の展望は、やはり食い込む隙間を見いだし得なかった。それでもフォン・ブラウンは、軍の海運局、IBMコーポレーション、アメリカ水産局等々、さまざまな組織のトップの人びとと頻繁に会合を持ち、アメリカの宇宙計画を何とか夢のあるものに向けるため、努力を重ねた。しかし彼には新たなプロジェクトを検討するわずかな予算すら与えられず、NASAの政策を議論するいかなる会議からも遠ざけられ、意思決定に関わる場で発言するチャンスは、ついに訪れることはなかった。

そのような動きのなかで、一九七二年一月五日、ニクソン大統領は「アメリカはまったく新しいタイプの宇宙輸送システムの構築に、今すぐとりかかるべきである」と述べ、スペースシャトル計画が宇宙計画の先兵となった。結局のところ、結実したスペースシャトルの姿は、皮肉なことに、フォン・ブラウンの描いていた計画と瓜二つのものだった。

当時のフォン・ブラウンを振り返って、次のように述べた人がいる。「ウェルナーは、素晴らしい演奏で全世界の人びとを魅了した偉大な指揮者でした。その彼が突然オーケストラを失い、演奏者も楽器も失い、コンサート・ホールも、ついには音楽の大好きな聴衆さえも失っている自分に気づいたのです。時には自分のヴァイオリンを弾くことがありましたが、耳を傾けてくれる人は、もうあまりいませんでした……」

驚くべきことに、この頃のフォン・ブラウンから不平不満の言葉を聞いた人は誰もいない。「抜け出る見通しのない事柄について愚痴をこぼして時間を浪費したくはない」というのが、フォン・ブラウンのモットーであり、信念であった。しかし一人だけ、フォン・ブラウンの心の底をのぞくことができ、それを理解している人がいた。妻のマリアである。一九七一年から七二年初めにかけての彼女の思い出が当時のフォン・ブラウンの心境をよく語っている。

——「あの頃は、自宅付近を何時間も二人で散歩しました。ヴェルナーはずっと話し続け、次から次へと胸につかえている気持ちを吐き出していました……私ができるのは、ただ聞くことだけでした……彼は失望のどん底にいました。世界がばらばらに崩れてしまうように感じていたみたいです……私が彼にしてあげられるただ一つの救いは、彼にできるだけお話をさせてあげることでした……」

フェアチャイルド社の日々と最後の使命

フォン・ブラウンは、アポロ16号の帰還と17号の旅立ちの中間、一九七二年六月三〇日にNASAを引退し、メリーランド州ジャーマンタウンのフェアチャイルド社に招かれ、技術開発担当の副社長となった。人類の生活に与える衛星通信の巨大な可能性を予見したフォン・ブラウンの転身であった。世界的な衛星通信ネットワークの確立、その通信網を利用して世界の子どもたちに質の高い教育を施すための方策、……フェアチャイルド社のエドワード・ウール社長は、フォン・ブラウンの構想に強力な支援を与えた。

フォン・ブラウンは、衛星通信の途方もないポテンシャルを早くから認識し、機会あるごとにそれを語っていた。やがてその賛同者がどんどん増えていった。もっとも著名な賛同者は、静止軌道を「発見」したアーサー・C・クラークである。一九六〇年代のうちに、NASAは軌道上で使える受信機と送信機を開発し始めた。アメリカの企業は、この軌道上の「金鉱」に続々と目を向け、大洋を横断する通信ネットワークを作り上げ、それは驚くべき速さで全世界に広がった。

フォン・ブラウンはまたATS（応用技術衛星）の熱心な推進者でもあった。特に、「衛星を使って教育プログラムを世界中に流せるようになれば、恵まれない地域の人びとにも巨大な恩恵があるだろう」と語っていた。NASAから依頼を受けてフェアチャイルド社が開発したATS-6衛星は、フォン・ブラウンのフェアチャイルドにおける中心的な仕事になった。この衛星は一九七四年に静止軌道に打ち上げられた。テスト・オペレーションに続いてテレビの中継ステーションとしての性能をアパラチアやアラスカで確認した後、この衛星は静止軌道上を移動して、インドの上空に至った。そして一九七五年から一九七六年にかけてインド上空にとどまり、二四〇〇の過疎の村に番組を送った。これらの村々では、直径三メートルのアンテナで電波を受けた。そのオペレーションはすべてインドの人びとによって遂行されたのである。「お腹のすいた人にサカナをあげれば、その人を一日だけ救うことができる。しかしその人にサカナのとり方を教えてあげれば、一生お腹がすくことはないだろう」という中国の格言を引用して、教育プログラムの重要性を説いていたフォン・ブラウンの構想が、見事に花開いた衛星であった。

一九七一年四月にNASA長官となったフレッチャーは、アポロ計画の終盤から、アメリカ国内に宇宙計画への幻滅が広がりはじめていることに気づいていた。雑誌・新聞からは、「我々はなぜこんなにたくさんの金を宇宙に注ぎ込んでいるのか？　月に人間が着陸できるほどの技術を持っているなら、我々は地球上に存在するさまざまな問題を、どうして解決できないのだろうか？」という問いかけが頻繁に登場するようになった。そしてそれはアメリカのあらゆる階層、メディア、エンタテインメントの世界、実業界から提出された。フレッチャーは、宇宙が国家の関心事であるにとどまらず、地上の生活に真に役立つものであることを、NASAの威信にかけて示したいと思った。これが、国立宇宙協会（NSI：National Space Institute）設立の動機となった。

フレッチャーは、側近と相談を重ねた結果、会長にはフォン・ブラウンに白羽の矢を立て、フェアチャイルド社のウール社長に申し入れた。

はじめ「もう一つおしゃべり団体を作るんですか」と懐疑的だったフォン・ブラウンであったが、フレッチャーたちの熱心な懇請によって立ち上がり、ついにはもっとも熱心な推進者となり、一九七四年六月一三日に設立に漕ぎ着けた。フォン・ブラウンは初代の会長になり、事務局長にはチャールズ・ヒューイットが就任した。宇宙開発の成果を国民の福祉と教育に役立てるという課題は、もともとフォン・ブラウンの強い使命感の射程にあったことである。彼はこの仕事に人生の最後の情熱を注ぎ続けた。

カントリー・ミュージックの大御所ジョン・デンヴァー、『アニーよ銃をとれ』のエセル・マーマン、名優ボブ・ホープ、同じくヒュー・オブライエン、宇宙科学者ヴァン・アレン、海洋学者ジャック・クストー、宇宙飛行士アラン・シェパード、作家のアイザック・アシモフやアーサー・C・クラーク……、著名な人びとが次々と援助を申し出た。

しかし国立宇宙協会の懸命な活動も、NASAが国の宇宙計画を精力的に進める力を失ったことが大きな原因となって、徐々に孤立の度を深めていった。加えて一九七五年の秋頃に、もう一つの決定的なダメージに襲われた。ヒューイットの弁。

――「ウェルナーが秋に入院したのです。その頃から彼のエネルギーと指導力を失い始めました。我々は船長のいない船に乗っているようでした。そうです、エンジンのない船と言ってもいいですね。それは恐ろしい事態でした……」

そしてNASA自身も、NSIの活動への関心が薄れていった。後日譚であるが、協会は生き延びた。NSIは一九八七年に別個の宇宙関係の組織であるL‐5協会と合併し、新たな国立宇宙協会（NSS：National Space Society）が設立された。NSSは現在も元気に活動を続けている。ユニークな雑誌『アド・アストラ』はその機関誌である。

巨星墜つ

フォン・ブラウンがフェアチャイルド社に移ってすぐ、社長のエド・ウールが言った。「ウェルナー、ところでウチの幹部には定期的に健康診断を受けるよう勧めているんだ」。フォン・ブラウンはすぐに「OK」と答えて、親しい友人でもあるヒューストンのジェームズ・R・マックスフィールド博士のクリニックに行った。検査を受けて帰ったフォン・ブラウンが言うには、「腎臓のあたりに影みたいなものがあるらしいんですよ。どうしたらいいでしょう。私は会社に移ってきたばかりだから、あまり長く留守にしたくないし……」。ウールはすかさず言った。「何よりもまずドクターの言うことを聞くことだよ。ドクターが半年かかると言えば、半年休んだ方がいい。先は長いんだから」

そこでフォン・ブラウンはボルティモアのジョンズ・ホプキンス病院で手術を受けた。悪性の腫瘍が見つかった。しかし手術は完全な成功を収め、腫瘍はすべて取り除かれた。術後の経過も良好で、フォン・ブラウンは完全復活を遂げ、その後の二年間はきわめて元気に動き回っていた。それは、彼がアラスカ、インド、ブラジルなどを飛び回ってフェアチャイルド社の応用技術衛星（ATS）プロジェクトに没頭し、さらに国立宇宙協会（NSI）に関わった時期であった。

一九七五年夏、フォン・ブラウンはカナダのノース・ベイに家族で旅行した時、内臓出血を起こしていることに気づいたが、それを心にしまいこんでしまった。そして数週間後、エド・ウールとのアラスカ出張で再発、ワシントンに帰ってすぐジョンズ・ホプキンス病院で検査した結果、結腸にかなり症状の進んだ腫瘍が発見された。手術によって結腸を切除したが、この時から、さすがのフォン・ブラウンも体全体に衰えが見え始め、もう決して元の彼に戻ることはなかった。

一九七六年五月、さらに治療をするためヴァージニア州アレクサンドリアの病院へ。一九七六年の暮れから一九七七年の初めにかけては、入退院を繰り返していたが、病魔は確実に彼の体を冒しつつあった。

春になると痛みも持続的になっていき、妻のマリアはもちろん、インドにいた長女のアイリス（二八歳）、モスクワにいた次女のマーグリット（二四歳）、そしてまだ高校生だった長男のピーター（一六歳）はすべてフォン・ブラウンのそばにいて、ともに過ごした。

常に限りない力に満ち、知性と豊かな心をもち続けた父、いつも子どもたちの人生への助言と導きの人であった父が、日々衰えていく姿を見ることは、とても辛いことであったろう。この頃、ペーネミュンデ以来の同志であったエバーハルト・レースとエルンスト・シュトゥーリンガーが、フォン・ブラウンの病床を訪ねている。マーシャル宇宙飛行センターの模様を詳しく知りたがり、しばらく耳を傾けていたフォン・ブラウンは、最後に痛みのため息が切れ切れになりながら、しぼり出すように、次のように語ったという。

——「私がNASAを一九七二年に去った時、本部の人たちが素敵な歓送会をやってくれてね。みんなでマーティニのテーブルのそばに立っていると、ジョージ・ローが私をちょっと離れたところに連れていって、こう言った。『ウェルナー、君がハンツヴィルからこの本部に来た頃のこと、覚えてるかい。我々がシャトルについて壮大なコンセプトを持っていることを知って、君はすごくショックを受けたようだった。これからの予算獲得の厳しさを考えると、シャトルの計画はもっと小さく安価なものにしないと、生き残れなくなると敢然と主張した。我々は君の言うことが気に入らなかったけれども、結局は我々が負けて君の主張を受け入れて、もっと小さくもっと簡単なシャトルを開発することになった。今私は、君のしたことに対し、NASAのみんなに成り代わって、心からお礼を言わせてもらう。君があの時に赤旗を挙げてくれなかったら、今頃はシャトルのプロジェクトはなくなっていただろう。ウェルナー、ありがとう!』ってね」

そしてフォン・ブラウンは、目に涙をいっぱいためながら、つぶやくように言った。「あれが、私の本部時代でいちばん幸せな瞬間だったなあ」

一九七七年六月一六日、ヴェルナー・フォン・ブラウンは、アレクサンドリア病院の一室でその炎の生涯を閉じた。享年六五歳。宇宙への早すぎる旅立ちであった。

あとがき

歴史上に現れた数々の名勝負において、二〇世紀の月をめざす米ソの闘いほど多くの人と金を動員したものはなかったであろう。資本主義と社会主義の代表選手が、国家の誇りと名誉をかけて先陣争いをした一九六〇年代は、人間ドラマとしても無数の魅力あるストーリーを生み出した。そのドラマのヒーローがコロリョフとフォン・ブラウンである。二人は一度も会うことはなかったが、東と西でこの壮大なドラマの主役として活躍しつづけた。

この「史上最強のライヴァル」の闘いは、二〇世紀の二大強国を舞台にしてはいるものの、現実には二人の生涯をかけた「宇宙と空への野望」の貫徹そのものであった。一個の人間が幼い頃から心の中に大きな夢を育て、人生のどんな荒波にも屈することのない強い意志をもって生き抜けば、一生のうちにどれほど偉大な事業が達成できるかという見事なお手本を、コロリョフとフォン・ブラウンは示してくれている。

「みんなで進めば怖くない」式の生き方のなかに個性が埋没していく傾向の強い現在の日本で、

若者たちが二人の人生から受け取るものは多い。そしてそのような若者の数が増えれば増えるほど、二一世紀の日本は偉大な活力を保有することができるであろう。

本書は、中央公論新社の高橋真理子さんの勧めによって書き始めたものである。それが可能になったのは、ソ連邦が崩壊した後に続々と公開されつつある社会主義ソ連の宇宙開発に関する多くの資料である。また、国際宇宙航行連盟（IAF）の「宇宙航行の歴史」委員会の仲間たち、とりわけフォン・ブラウンの親友だったフレデリック・オードウェイ、コロリョフの腹心の部下だったボリス・ラウシェンバッハ両氏が酒と談笑のなかで語ってくれた巨人たちの魅力溢れる人柄は、ワープロを叩く私の指を励ましてくれる推進剤となった。

とはいえ高橋さんのタイミングのよい控えめな催促ときめ細かい編集の業がなければ、本書はこのような立派な体裁には行き着かなかったことは確実である。その労に対し心から感謝したい。

あと一カ月半で二一世紀を迎える日に

的川泰宣

hrt, Burda Verlag, 1969
20 Herbert York, *Race to Oblivion*, Simon and Shuster, 1971
21 Erik Bergaust, *Wernher von Braun, Ein Unglaubliches Leben*, Econ Verlag, 1976
22 Erik Bergaust, *Wernher von Braun*, National Space Institute, 1976
23 Frederick Ordway III and Mitchell Sharpe, *The Rocket Team*, Thomas Y. Crowell, 1979
24 I. Essers, *Max Valier*, Verlagsanstalt Athesia, 1980
25 Walter Dornberger, *Peenemünde, Die Geschichte der V-Waffen*, Bechte Verlag, 1981
26 野木恵一『報復兵器』朝日ソノラマ，1983
27 Ю. А. Мозжорин, *Космонавтика СССР*, Издательство Машиностроение, 1986
28 Howard Benedict, *NASA: The Journey Continues*, Pioneer Publications, Inc., 1989
29 Dennis Newkirk, *Almanac of Soviet Manned Space Flight*, Gulf Publishing Company, 1990
30 Martin Collins and Sylvia Kraemer, *SPACE Discovery and Exploration*, Hugh 31 Lauter Levin Associates, Inc., 1993
32 Ernst Stuhlinger and Frederick Ordway III, *Wernher von Braun, An Biographical Memoir*, Krieger Publishing Company, 1994
33 Ernst Stuhlinger and Frederick Ordway III, *Wernher von Braun, An Illustrated Memoir*, Krieger Publishing Company, 1994
34 Гиорги Ветров, *Королёв и Эго Дело*, Nauka, 1996
35 Michael Neufeld, *The Rocket and the Reich*, Harvard University Press, 1995
36 James Harford, *Korolev*, John Wiley & Sons, Inc., 1997
37 Jurgen Michels, *Peenemünde und seine Erben in Ost und West*, Bernard & Gräfe Verlag, 1997
38 Jacques Villain, *À la Conquête de la Lune*, Larousse, 1998
39 ジョアン・フォンクベルタ『スプートニク』管啓次郎訳，筑摩書房，1999

参考文献

1 Wernher von Braun, "Importance of Satellite Vehicles in Interplanetary Flight", *Journal of the British Interplanetary Society*, 1951

2 Walter Dornberger, *V-2, Der Schuss ins Weltall*, Bechte Verlag, 1952

3 Wernher von Braun, "We Need a Coordinated Space Program", 4th *International Astronautical Federation*, 1953

4 Walter Dornberger, *V-2*, Viking Press, 1954

5 Magnus von Braun, *Von Ostpreussen bis Texas*, Helmut Rauschenbuch Verlag, 1955

6 Heinz Gartmann, *The Man behind the Space Rockets*, David McKay, 1956

7 Wernher von Braun, "Reminiscences of German Rocketry", *Journal of the British Interplanetary Society*, 1956

8 Carsbie Adams, *Space Flight*, McGraw-Hill Book Company, 1958

9 Wernher von Braun, "The Explorers", *Astronautica Acta* 5, 1959

10 Erik Bergaust, *Reaching for the Stars*, Doubleday & Co., Inc., 1960

11 A. Chernyak, "Nikolai Kibalchich", *Spaceflight* 7, 1962

12 Dieter Huzel, *Peenemünde to Canaveral*, Prentice-Hall, Inc., 1962

13 Wernher von Braun, *Space Frontier*, Holt, Rinehart and Winston, 1963

14 David Irving, *The Mare's Nest*, William Kimber, 1964

15 Wernher von Braun and Frederick Ordway III, *History of Rocketry & Space Travel*, Thomas Y. Crowell Company, 1966

16 David Heather, *Wernher von Braun*, Putnam, 1967

17 John Goodrum, *Wernher von Braun, Space Pioneer*, Strode Publishers, 1969

18 Gregory Tokaty-Tokaev, "Foundations of Soviet Cosmonautics", *Spaceflight* 10, 1968

19 Bernd Ruland, *Wernher von Braun, Mein Leben für die Raumfa-*

図版出典

NASA : 87, 113, 117, 135, 139, 169, 175, 178～179, 198, 225. *Korolev*〈参考文献36〉: 5, 25, 38, 209. *Wernher von Braun, An Illustrated Memoir*〈33〉: 口絵（上）, 9, 16, 183. *Peenemünde und seine Erben in Ost und West*〈37〉: 23, 43, 70, 79, 82. *The Rocket and the Reich*〈35〉: 36, 40, 72. 佐貫亦男『ロケット』旺文社, 1967 : 41. *SPACE Discovery and Exploration*〈30〉: 49, 104, 114. *Космонавтика СССР*〈27〉: 口絵（下）, 111, 154, 155, 159, 182, 193. *À la Conquête de la Lune*〈38〉: 171, 214, 232, 233.

的川泰宣（まとがわ・やすのり）

1942年（昭和17年），広島県に生まれる．
東京大学工学部卒業．東京大学宇宙航空研究所，文部省宇宙科学研究所，宇宙航空研究開発機構（JAXA）を経て，現在JAXA名誉教授，はまぎんこども宇宙館館長．
著書『小惑星探査機　はやぶさ物語』（NHK出版生活人新書，2010年）
『小惑星探査機「はやぶさ」の奇跡』（PHP出版，2010年）
『いのちの絆を宇宙に求めて』（共立出版，2010年）
『宇宙からの伝言』（数研出版，2004年）
『はやぶさを育んだ50年―宇宙に挑んだ人々の物語』（宇宙航空研究開発機構編，日経印刷，2012年）
『ニッポン宇宙開発秘史』（NHK出版新書，2017年）
『宇宙飛行の父ツィオルコフスキー』（勉誠出版，2017年）
『３つのアポロ』（日刊工業新聞社，2019年）など多数

月《つき》をめざした二人《ふたり》の科学者《かがくしゃ》
中公新書 *1566*

2000年12月20日初版
2021年１月30日４版

著　者　的川泰宣
発行者　松田陽三

本文印刷　三晃印刷
カバー印刷　大熊整美堂
製　　本　小泉製本

発行所　中央公論新社
〒100-8152
東京都千代田区大手町1-7-1
電話　販売 03-5299-1730
　　　編集 03-5299-1830
URL http://www.chuko.co.jp/

Published by CHUOKORON-SHINSHA, INC.
Printed in Japan　ISBN978-4-12-101566-2 C1244

中公新書刊行のことば

いまからちょうど五世紀まえ、グーテンベルクが近代印刷術を発明したとき、書物の大量生産は潜在的可能性を獲得し、いまからちょうど一世紀まえ、世界のおもな文明国で義務教育制度が採用されたとき、書物の大量需要の潜在性が形成された。この二つの潜在性がはげしく現実化したのが現代である。

いまや、書物によって視野を拡大し、変りゆく世界に豊かに対応しようとする強い要求を私たちは抑えることができない。この要求にこたえる義務を、今日の書物は背負っている。だが、その義務は、たんに専門的知識の通俗化をはかることによって果たされるものでもなく、通俗的好奇心にうったえて、いたずらに発行部数の巨大さを誇ることによって果たされるものでもない。現代を真摯に生きようとする読者に、真に知るに価いする知識だけを選びだして提供すること、これが中公新書の最大の目標である。

私たちは、知識として錯覚しているものによってしばしば動かされ、裏切られる。私たちは、作為によってあたえられた知識のうえに生きることがあまりに多く、ゆるぎない事実を通して思索することがあまりにすくない。中公新書が、その一貫した特色として自らに課すものは、この事実のみの持つ無条件の説得力を発揮させることである。現代にあらたな意味を投げかけるべく待機している過去の歴史的事実もまた、中公新書によって数多く発掘されるであろう。

中公新書は、現代を自らの眼で見つめようとする、逞しい知的な読者の活力となることを欲している。

一九六二年一一月

現代史

中公新書

中公新書

現代史

2590 人類と病 詫摩佳代
2451 トラクターの世界史 藤原辰史
2368 第一次世界大戦史 飯倉章
27 ワイマル共和国 林健太郎
478 アドルフ・ヒトラー 村瀬興雄
2553 ヒトラーの時代 池内紀
2272 ヒトラー演説 高田博行
1943 ホロコースト 芝健介
2349 ヒトラーに抵抗した人々 對馬達雄
2610 ヒトラーの脱走兵 對馬達雄
2448 闘う文豪とナチス・ドイツ 池内紀
2329 ナチスの戦争 1918-1949 R・ベッセル 大山晶訳
2313 ニュルンベルク裁判 A・ヴァインケ 板橋拓己訳
2266 アデナウアー 板橋拓己
2615 物語 東ドイツの歴史 河合信晴

2274 スターリン 横手慎二
530 チャーチル（増補版） 河合秀和
2578 エリザベス女王 君塚直隆
1415 フランス現代史 渡邊啓貴
2356 イタリア現代史 伊藤武
2221 バチカン近現代史 松本佐保
2538 アジア近現代史 岩崎育夫
2586 東アジアの論理 岡本隆司
2437 中国ナショナリズム 小野寺史郎
2600 孫基禎《ソン・ギジョン》—帝国日本の朝鮮人メダリスト 金誠
2034 感染症の中国史 飯島渉
1959 韓国現代史 木村幹
2262 先進国・韓国の憂鬱 大西裕
2602 韓国社会の現在 春木育美
1763 アジア冷戦史 下斗米伸夫
1876 インドネシア 水本達也
2596 インドネシア大虐殺 倉沢愛子

2143 経済大国インドネシア 佐藤百合
1596 ベトナム戦争 松岡完
2330 チェ・ゲバラ 伊高浩昭
1664 1665 アメリカの20世紀（上下） 有賀夏紀
1920 ケネディ—「神話」と実像 土田宏
2140 レーガン 村田晃嗣
2383 ビル・クリントン 西川賢
2527 大統領とハリウッド 村田晃嗣
2479 スポーツ国家アメリカ 鈴木透
2540 食の実験場アメリカ 鈴木透
2504 アメリカとヨーロッパ 渡邊啓貴
2415 トルコ現代史 今井宏平
2163 人種とスポーツ 川島浩平
2626 フランクリン・ローズヴェルト 佐藤千登勢

中公新書

科学・技術

中公新書

自然・生物

s1

2305	生物多様性	本川達雄
503	生命を捉えなおす（増補版）	清水　博
2414	入門！進化生物学	小原嘉明
2433	すごい進化	鈴木紀之
1972	心の脳科学	坂井克之
1647	言語の脳科学	酒井邦嘉
1709	親指はなぜ太いのか	島　泰三
1087	ゾウの時間 ネズミの時間	本川達雄
2419	ウニはすごい バッタもすごい	本川達雄
877	カラスはどれほど賢いか	唐沢孝一
2485	カラー版 目からウロコの自然観察	唐沢孝一
1860	昆虫—驚異の微小脳	水波　誠
2539	カラー版 虫や鳥が見ている世界—紫外線写真が明かす生存戦略	浅間　茂
2259	カラー版 スキマの植物図鑑	塚谷裕一
1706	ふしぎの植物学	田中　修
1890	雑草のはなし	田中　修
2174	植物はすごい	田中　修
2328	植物はすごい 七不思議篇	田中　修
2491	植物のひみつ	田中　修
2589	新種の発見	岡西政典
2572	日本の品種はすごい	竹下大学
1769	苔の話	秋山弘之
939	発酵	小泉武夫
2408	醤油・味噌・酢はすごい	小泉武夫
348	水と緑と土（改版）	富山和子
2120	気候変動とエネルギー問題	深井　有
1922	地震の日本史（増補版）	寒川　旭